"数字"耀福州
赋能新发展

数字中国建设福州实践现场教学

中共福州市委党校（福州市行政学院） 编

中共中央党校出版社

图书在版编目（CIP）数据

"数字"耀福州　赋能新发展：数字中国建设福州实践现场教学/中共福州市委党校（福州市行政学院）编．--北京：中共中央党校出版社，2023.2

ISBN 978-7-5035-7429-0

Ⅰ.①数⋯　Ⅱ.①中⋯　Ⅲ.①互联网络-发展-研究-福州　Ⅳ.①TP393.4

中国版本图书馆 CIP 数据核字（2022）第 189236 号

"数字"耀福州　赋能新发展——数字中国建设福州实践现场教学

策划统筹	任丽娜
责任编辑	刘金敏　牛琴琴
责任印制	陈梦楠
责任校对	王　微
出版发行	中共中央党校出版社
地　址	北京市海淀区长春桥路 6 号
电　话	（010）68922815（总编室）　　（010）68922233（发行部）
传　真	（010）68922814
经　销	全国新华书店
印　刷	北京中科印刷有限公司
开　本	710 毫米×1000 毫米　1/16
字　数	100 千字
印　张	10
版　次	2023 年 2 月第 1 版　　2023 年 2 月第 1 次印刷
定　价	43.00 元

微 信 ID：中共中央党校出版社　　　　邮　　箱：zydxcbs2018@163.com

本书编委会

主　　任：蔡亚东

主　　编：王小珍

副主编：陈　武　　俞慈珍　　纪浩鹏

编　　辑：江　希　　任能栋　　钟　诚

　　　　　蔡秀锋　　陈彩泊

总　序

　　福州是习近平新时代中国特色社会主义思想的重要孕育地和先行实践地。习近平同志在福建工作生活 17 年半，曾亲自领导福州现代化建设 6 年，作出了一系列极具前瞻性、开创性、战略性的理念创新和实践探索。

　　近年来，福州深入学习贯彻落实习近平新时代中国特色社会主义思想，把握"3820"战略工程思想精髓，加快建设现代化国际城市，培育打造了一批习近平新时代中国特色社会主义思想学习教育实践基地，旨在深入挖掘习近平同志在福建、福州工作期间留下的宝贵财富，全面展示在习近平新时代中国特色社会主义思想指引下福州取得的重大发展成就，努力使这批学习教育实践基地成为全国广大党员干部学习研究习近平新时代中国特色社会主义思想的重要平台、各级党校（行政学院）现场教学基地、人民群众红色游览的"打卡点"，为将福州打造成为践行习近平新时代中国特色社会主义思想的示范城市打下坚实基础。

　　中共福州市委党校（福州市行政学院）是习近平同志兼任过校长的唯一一所地方党校。近年来，中共福州市委党校（福州市行政学院）坚持传承红色基因，积极发挥独特政治优势，紧紧围绕福州市委的部署，着力打造习近平新时代中国特色社会主义思想一流研修基地，开发各类现场教学点 53 个，全方位、多角度地展示福州深入贯彻落实习近平新时代中国特色社会主义思想的生动实践和突出成效，已有 5 个现场教学视频被中共福建省委党校（福建行政学院）评为精品视频并推荐至中国干部网络学院。

在当前全面学习、全面把握、全面落实党的二十大精神背景下，中共福州市委党校（福州市行政学院）组织教研人员编写《有福之州　山水之城——福州生态文明建设的生动实践现场教学》《保存文脉　守护根魂——福州历史文化名城现场教学》《践行为民初心　厚植人民情怀——以人民为中心思想的福州实践现场教学》《"数字"耀福州　赋能新发展——数字中国建设福州实践现场教学》等 4 本现场教学系列教材，是对前期开展现场教学工作的再总结和再提升，为今后进一步指导开发学习教育实践基地现场教学、推进全市党校（行政学院）系统教材建设和教学改革作出了示范性探索。同时，我们也期待本系列教材的出版能让更多的学员和读者了解福州、感知福州、热爱福州，更加深入地理解和把握福州作为习近平新时代中国特色社会主义思想重要孕育地和先行实践地的独特优势，从而更加自觉坚定地学好、用好习近平新时代中国特色社会主义思想，牢记初心使命、崇尚担当实干，以更加昂扬的姿态奋力谱写全面建设社会主义现代化国家福建篇章！

中共福州市委党校（福州市行政学院）现场教学教材编写组

2023 年 1 月于福州

目录
Contents

前　言

2000 年国庆前夕，刚从国外归来不久的国际欧亚科学院院士、福州大学副校长王钦敏向省长习近平递交了一份《"数字福建"项目建议书》。10 月 12 日，习近平同志作了整整一张纸的批示，内容十分详细。在批示中，习近平同志肯定了建设"数字福建"的重大意义，还指出，建设"数字福建"不是可望而不可即的事情，福建省在这方面有较好的人才和经济基础，经过努力是可以实现的。①习近平同志作出批示仅仅半个月后，在 2000 年 10 月 27 日闭幕的中共福建省委六届十二次全会上，"数字福建"被写入福建"十五"计划纲要建议。这是"数字福建"的首次公开亮相，从此，大规模推进信息化建设的浪潮在福建涌动。潮起东南，联动全国，党的十八大以来，以习近平同志为核心的党中央放眼未来、顺应大势，作出建设"数字中国"的战略决策。

"数字中国"不仅是信息化、现代化，在习近平同志眼中有着更重要的位置。在 2014 年 2 月 27 日召开的中央网络安全和信息

---

① 《闽山闽水物华新——习近平福建足迹》（上），福建人民出版社 2022 年版，第 217 页。

化领导小组第一次会议上，身为组长的习近平同志站在国家未来发展的战略高度，将建设网络强国加入中国的战略目标。他提出：网络安全和信息化是事关国家安全和国家发展、事关广大人民群众工作生活的重大战略问题，要从国际国内大势出发，总体布局，统筹各方，创新发展，努力把我国建设成为网络强国。

除了宏观规划，习近平总书记还指出了建设网络强国的必由路径。他强调，建设网络强国，要有自己的技术，有过硬的技术；要把人才资源汇聚起来，建设一支政治强、业务精、作风好的强大队伍。"千军易得，一将难求"，要培养造就世界水平的科学家、网络科技领军人才、卓越工程师、高水平创新团队。建设网络强国的战略部署要与"两个一百年"奋斗目标同步推进，向着网络基础设施基本普及、自主创新能力显著增强、信息经济全面发展、网络安全保障有力的目标不断前进。

以打造数字中国建设领军城市、数字应用第一城为目标的福州，在数字化的浪潮下，各种新业态、新服务、新模式不断涌现。2021年福州数字经济规模超过5400亿元，占GDP比重超48%，"数字福州"的探索和创新，已成为经济社会发展的新引擎。作为数字中国建设峰会永久会址所在地，福州成功举办了五届数字中国建设峰会，为激励社会各界为数字化发展和数字化转型做好谋篇布局，极大激发了大家共同参与数字中国建设的积极性、主动性、创造性。

　　为深化广大干部对习近平总书记关于数字中国建设的理论逻辑、实践逻辑的认识和理解，推动学习与贯彻走深走实，我们编写了这本书。同时，本书也为各级领导干部在新时代伟大实践中更好地担当作为提供了鲜活范例。

第一部分

数字中国建设

在福州的实践和发展

福建是数字中国建设的思想源头和实践起点，福州是"数字福建"的火车头。多年来，历届福州市委、市政府始终遵循习近平同志关于"数字福建"建设的重大战略部署，从鼓楼示范区起步，从政务信息化、产业信息化、社会信息化入手，持之以恒、一以贯之推进"数字福州"建设，带动福州经济社会发展发生重大而深刻的历史变革。

福州是数字中国建设的先行城市。近年来，福州深入学习贯彻习近平总书记关于网络强国的论述，落实数字中国战略部署，抢抓数字化转型升级机遇，加快建设"数字福州"，为全方位推进高质量发展超越注入强大动能。发力新基建，超前布局新型基础设施，实现5G网络全覆盖，落地国家健康医疗、国土资源等大数据中心。数字底座不断夯实，培育新业态，加快打造墨云、海创、云清华、福州数据技术研究院等工业互联网和产学研平台，引进培育一批数字行业领军企业。2020年，福州数字经济规模突破4600亿元，占GDP比重达到46％，助力全市经济总量突破万亿元大关。借助核心技术加快城市大脑建设，上线全国首个城市级人脸识别公共服务平台，特色数字化应用场景遍地开花，数字服务高效便民。

2021年3月，习近平总书记来闽考察，对福州的工作成效和发展思路给予充分肯定，强调要加快推动数字产业化、产业数字化，推动数字经济和实体经济深度融合。这进一步坚定了我们发展数字经济、建设"数字福州"的信心和决心。

第一章　坚持党的统一领导

　　信息化建设是一项复杂的系统工程，具有高科技、跨部门、长期性等特点，能否建立高效的领导体制和工作机制，决定信息化建设的成败。早在 2000 年，习近平同志就着眼未来，着眼于抢占信息化战略制高点，增创福建发展新优势，高瞻远瞩地作出了建设"数字福建"的重要决策，开启了福建大规模推进信息化建设的大幕。福州市在省委、省政府的领导下，在推动"数字福州"建设中取得了好成效。

第一节　坚持党的统一领导，全面推动
"数字福州"建设

　　"十二五"时期，"数字福州"建设取得了良好效果，全市信息化水平显著提高，为福州市率先全面建成小康社会作出了重要贡献。一是信息化基础设施得到新提升。宽带网络接入速

率进一步提升，无线局域网基本实现了重要公共区域热点覆盖，"公益无线"免费Wi-Fi项目已在六个城区布设无线AP11403个，每月登录人数超过60万人次。二是信息资源开放共享再上新台阶。建成人口、法人、电子证照、空间地理、宏观经济等基础数据库，已入库人日数据710.5万条、法人数据25.04万条、信用数据190万条，实现规划区1026平方公里1∶2000比例尺的数字正射影像图、数字线划图和矢量电子地图全覆盖。全市入库电子证照数据量934万，位居全国第一，在全国率先实现电子证照全流程网上应用。三是电子政务取得新进展。一站式服务窗口、公共信息服务平台、12345、福州发布等持续深化，"中国福州"门户网站绩效考核连续七年位居全省第一，"@福州发布"政务微博持续入选福建十大党政新闻发布微博，排名第一。整合全市各级机关办公自动化系统，建成福州市综合协同办公系统，覆盖全市乡镇（街道）以上党委、人大、政府、政协机关。政民互动渠道进一步增强，市民公共服务平台实现45个部门503项办事指南在线查看，33个市民服务机构在线办事预约，公积金、医保、自来水等11类公共服务查询及缴费。

2016年4月14日，"数字福建"建设领导小组研究"十三五""数字福建"专项规划，提出到2020年基本实现建设"数字化、网络化、可视化、智慧化"福建的目标。"十三五"期间，

《数字福州"十三五"发展规划》主要目标任务顺利完成，"数字福州"建设取得决定性进展和显著成效。一是数字中国建设峰会开启新征程。"十三五"期间，福州市成功举办三届数字中国建设峰会，习近平总书记为首届和第三届峰会致贺信，对办好峰会、推动数字中国建设等作出了重要指示。三届峰会形成了"一会一展一赛"新格局，共邀请嘉宾近3000人，吸引参展商近1000家、参赛选手近3.5万名；共签约315个项目，总投资超2700亿元，近八成项目已完成转化。二是数字基础设施实现新突破。开通海峡两岸直通光缆和福州国家级互联网骨干直联点，光网和4G网络实现城乡全覆盖，建成5G基站6400个、NB－IoT站点6235个。全省率先发布新型基础设施建设行动计划，在用数据中心11个，建成标准机架数2.29万个，占全省的54.4%，建成工业互联网标识解析二级节点平台，注册数2150万。"5G＋智慧教育"应用示范项目获评国家发展改革委、工业和信息化部2020年新型基础设施建设工程（宽带网络和5G领域）项目。三是数字经济发展取得新跨越。2018年数字经济发展受到国务院通报表扬，2020年数字经济规模达4600亿元，GDP占比达46%，规模及增速均为全省第一，连续两年数字经济发展指数排全省第一。获批国家跨境电子商务综合试验区，获评"中国软件特色名城"。四是数字政府建设再上新台阶。"十三五"期间，福州市共实施"数字福州"政务类项目275个，打造了政务数据、信用信息等一批城市级大数据平台,"一云一网多平台"的政务基础支撑体系基本形成。2020年,数字政府发展指数、数字政府服务能力均居全国前列。五是智慧城市应用实现新拓展。成功打造12345、e福州、惠民资金网、信用"茉莉分"、"信易＋"、"网证＋"等一批品牌数字应用工程,智慧教育、智慧医疗、智慧养老、智慧社区、数字图书馆等公共服务数字化深入推进。平安福州建设不断深化,统一网格划分标准,初步形成"纵向畅通、横向集成、联动融合、共用共治"的网格化管理体系。六是数据汇聚共享利用迈向新高度。出台首份地市级公共数据开放类的专项管理办法《福州市公共数据开放管理暂行办法》,建立首席数据官制度,揭牌启用福州市公共数据创新基地,国家健康医疗大数据试点工程扎实推进。归集信用数据超15亿条,助力城市信用排名进入全国前十。建成政务数据汇聚共享平台和公共数据开放网站,归集政务数据超30亿条,政府数据开放指数排名全国前列。

2017年10月,福州市政府印发了《关于进一步加快福州市文化产业发展若干政策》,提出加快建设文化和科技融合示范基地,策划生成一批文化与科技融合的重大项目,重点培育动漫游戏、广告创意、数字出版等新兴文化业态。2018年6月,福州市政府办公厅印发了《关于加快工业数字经济创新发展的实施方案》,提出培育壮大动漫游戏产业方案。依托福州市动漫游戏产业基地和海西动漫创意之都,打造动漫公共技术研发中心和建设动漫游戏人才服务平台、项目选拔平台、国际文创孵化平台等公共服务平台。推动动漫内容创作、形象设计、版权交易的发展，培育拥有自主知识产权、具有较强影响力的本土精品动漫形象和品牌。支持原创动漫游戏产品出口，开拓国际市场。2021年3月，《国家数字经济创新发展试验区（福建）工作方案》出炉，其中许多内容与福州直接相关，比如打造福州全球数字教育资源生产基地，开展"一带一路"沿线国家和地区人工智能人才培训交流。方案提出实施数字经济园区提升行动，引导"数字福建"长乐产业园、福州软件园、福州马尾物联网产业基地等重点园区壮大特色产业，提升服务能力，完善创新体系，优化发展环境，使其发展成为省数字经济发展的综合性载体；推进福州建设具有示范效应的平台经济集聚区。推进国家地球空间信息福州产业化基地建设，构建"卫星+"产业发展生态圈；推广国家工业互联网标识解析二级节点（福州）应用，争取设立中国工业互联网研究院福建分院、国家工业互联网大数据中心福建分中心；建立城市综合管理服务平台，支持福州建设"城市大脑"。提升福州跨境电商综合试验区建设水平，拓展与"一带一路"沿线国家和地区跨境电商合作，打造"丝路电商"核心区；支持福州建设"数字丝路"经济合作试验区。推动福州出台智能网联汽车道路测试及商业示范应用管理办法，实施车路协同信息化设施改造。提升福州机场智慧化水平。探索设立"旗山云大学"，推动福州大学城与高新区协同创新发展，培养数字经济产业急需的各类适应性人才。制定数字人才评测标准，支持福州开展大数据专业职称改革试点。

2021 年 3 月，习近平总书记在福建考察时强调，要坚持系统观念，找准在服务和融入构建新发展格局中的定位，优化提升产业结构，加快推动数字产业化、产业数字化。以习近平总书记来闽考察时的重要讲话精神为动力，数字经济企业紧抓发展机遇谋创新、求突破，福州不断优化发展环境，让数字引擎动能更强劲。

2022 年 3 月福州市政府正式印发了《福州市"十四五"数字福州专项规划》，以"数字应用第一城"为发展目标，从八大方面推进数字福州建设，协同推进数字经济创新、数字要素流通、数字技术研发、数字理念孕育等方面实现大踏步前进。到"十四五"末，数字基础设施泛在先进，网上政务服务能力全面提升，"数字化、网络化、可视化、智慧化"能级跃升，"数字福州"服务经济社会发展作用进一步增强。

第二节　推进信息资源的共建共享和协同应用

"数字福建"重点谋划信息源、信息网、政策法规、人才培养、基础设施、信息化应用工程等关键要素的部署及协调发展，并将此融入系统工程建设中，为目标的实现奠定了良好基础。

第一，福州市不断推动数据资源共享平台的数据成果汇聚与共享应用，共享利用水平持续保持全省领先，为人工智能应用提供充足"数据养料"。纵向上，已实现省、市政务数据汇聚共享平台对接。横向上，对接各市直部门业务系统。同时印发2020年公共数据开放计划，在12个领域深入推进数据开放，力争开放水平评估全国领先。通过建设公共数据开发利用创新基地，围绕培育数据要素市场，探索公共数据开放新模式。

第二，《2022年数字福建工作要点》提出加快国家数字经济创新发展试验区建设，打造能办事、快办事、办成事的"便利福建"。稳妥有序推进福州（含平潭综合实验区）、厦门数字人民币应用试点。支持福州、厦门、泉州、平潭等建设"千兆城市"。建设共治共享的数字社会，支持福州、厦门、泉州、漳州建设"城市大脑"。推动医疗就诊"一卡（码）就医"应用。实施智慧教育工程，推进福州市国家智慧教育示范区建设。

第三，突出发展VR硬件、VR内容制作、VR跨界服务，建设一批VR产业相关的数据中心、超算中心和应用分发平台，强化硬件设计与制造、芯片与算法研发、素材支撑平台开发、素材资源库建设、行业应用开发与推广、产业合作、人才培养等配套服务功能，形成全产业链的产品和服务供应体系。全面创新建设与运营合作模式。支持国有企业、互联网龙头企业联合组建基地投资运营公司，开展基地基础建设、宣传招商、技术研发、链条打造等工作。基地基础设施配套建设列入福州新区统筹安排。积极争取支持，发挥国有企业、互联网龙头企业积极性，省、市、县三级财政和企业共同出资 2000 万元，向国内外专业咨询机构采购 VR 产业规划咨询服务，形成全国领先的 VR 产业发展规划。

第四，卫星应用产业作为国家战略性新兴产业，是加快推动军民融合深度发展的重点工作之一。福州市委、市政府高度重视军民融合相关工作，尤其是把卫星应用产业发展作为重中之重。福州立足产业基础和比较优势，成立专人专班，整合各方资源，大力促进卫星应用产业发展，不断提升福州创新发展水平、加快产业转型升级。2020 年 10 月，在第三届数字中国建设峰会上，省内首个卫星互联网产业园项目——福州达华卫星产业园项目签约。项目以福州达华卫星产业园为基地，联合有关国企及生态链相关各方，共同打造基于通导卫星应用的海联网生态产业体系，实现海岸互联、船船互联、海洋感知、渔获交易、普惠金融等功能，并对处置非法采砂、非法越界作业、海洋垃圾等形成科技支撑。

从思想的统一到明确的规划，再到狠抓落实，福州市委、市政府一任接着一任干，按照习近平总书记的规划，抢抓机遇，在"数字福州"建设中创造了众多成果。

第二章　坚持以人民为中心

2016 年 4 月 19 日，习近平总书记在网络安全和信息化工作座谈会上的讲话中指出，网信事业要发展，必须贯彻以人民为中心的发展思想。要适应人民期待和需求，加快信息化服务普及，降低应用成本，为老百姓提供用得上、用得起、用得好的信息服务。

第一节　信息化建设的最终目的是让人民群众充分享受信息化带来的获得感、幸福感

第一，5G 为鼓岭注入新活力。对于森林旅游来说，"堵车烦、停车难"的出行体验无疑是一道坎，而"5G＋AI"人流车流监测以及城市大脑智慧停车有效解决了游客的后顾之忧。"5G＋平安鼓岭"平台，不仅为游客带来了焕然一新的服务体验，而且让森林旅游变得更加安全。自"5G＋智慧旅游"项目实施后，鼓岭旅

游度假区客流量提升 13％，景区收入全面增长。此外，基于"5G
定制网—致远模式"，中国电信福建分公司还打造了鼓岭（鼓山）
可视化综合管理平台。通过图形化界面直观呈现景区客流、车流
的各种分析统计业务因素，展现景区重要业务的实时和历史分析
统计数据，从而让管理人员能轻松应对各种突发事件。

　　第二，把推进信息化与提高公共服务水平结合起来。启动建
设全国首个便民呼叫中心"12345"，首开政企、政民在互联网上
互动的先河。福州市鼓楼区市民只需拨打电话"12345"或进入鼓
楼区政务网站，点击"呼叫直通车"，就可进行政务咨询、市政管
理投诉、效能举报等。首创"一码通行"，市民通过一部手机就可
以享受公交、社保、医保缴费等将近 100 项的公共服务。建设
"摇一摇"找工作平台，为就业提供便捷、高效的信息服务渠道。
上线"银医通"，市民预约挂号、充值缴费、寻医导诊都能够在手
机上完成。2020 年启动可信数字身份证系统，市民不带身份证就
可以外出办事。还有人脸识别公共服务平台，可以让市民刷脸乘
坐地铁。智慧停车系统接入 3.1 万个停车位，实现"先离场后付
停车费"。2020 年新冠疫情防控期间，福州 5 天研发上线疫情动
态监测分析平台，积极开展线上"云招商""云签约"等，按下恢
复生产活动秩序的快进键。在全省率先推行行政审批智能"秒批"
服务。此外，福州还有交通出行、文化教育、医疗卫生等近 100
项政务服务可以掌上一键办理。福州推动实现全市一体化网上政

务服务，积极开展政务服务下沉试点工作：在百姓频繁流动的地方，投放200多台"e福州"自助服务终端，实现104个便民服务事项"就近办"。在全市100个村居（社区）试点搭建政务服务事项社区综合受理服务平台，打造"15分钟便民服务圈"。

创新设立研判机制。福州市"智慧福州"管理服务中心创新设立研判机制，组建12345平台研判工作小组，以"人脑"监督"智脑"运行的各环节，确保民生痛点处理到位。首先推动业务流程再造，把研判审核介入受理、批转、报备、审阅四大环节，完善业务流程图。推动形成诉求件标准操作手册，让流程有指南。每天收集典型案例，分批次开展业务培训，剖析案例中市民的诉求痛点问题、批转中的关键环节所在，让大家有标准可依、有例可循。如果有尚未办结的事项，"智慧福州"管理服务中心会指定专人建立"正在推进诉求事项"跟踪台账，等所有事项办结才归档，确保事事有着落。

由"群众跑"变"数据跑""快递跑"。得益于福州都市圈（福州、宁德、莆田、南平、平潭综合实验区）开展政务服务"异地代收代办"改革，首批109项"异地代收代办"事项已全部开通，各行政服务中心相关办事窗口均可受理。"异地代收代办"大大提高了办事效率，市民只需就近前往行政服务中心，提交相关信息及申请材料，发起"异地代收代办"申请，属地工作人员就会接收到相关通知，为其进行办理。

第三，实现"一号通认""一码通行"。经过多年发展，福建省信息化发展水平位于全国第一方阵，数字政府服务指数位居全国第一，应用指数位列全国第三。形成全省行政审批一张网，实现"一号通认""一码通行"。入驻全省行政审批和公共服务事项22万多项，97％以上的行政审批和服务事项可网上办理，"最多跑一趟""一趟不用跑"事项超过90％。

福州构筑的"一云、一网、多平台"政务基础支撑体系，目前正在全面提速城市大脑建设，使政务服务更加高效，城市管理更加精准。福州不断完善数字城管系统，结案率高达99.99％。通过对接闽政通"健康码"相关接口，群众只刷身份证即可读取、登记"健康码"信息，由内部系统进行查证，由此更加安全便捷。办事不再"亮手机"，取号能办"健康码"，这是2021年初福州市行政（市民）服务中心在全省率先推出的数字防疫举措。在福州，数字政府建设与优化服务融为一体，以人民为中心的发展思想落地生根。

第四，积极推进科技赋能智慧养老，拓展信息技术在养老服务领域的应用。一是填平数字鸿沟。除了帮助老年人融入智慧生活，在提高老年人的生活自理能力、缓解孤独感等方面主动作为。2021年4月29日，由中共福州市委网信办、福州日报社主办的"10点钟课堂"正式开课，就医、出行、就餐、金融等各类触网场景，都贴合老年人的需求进行细化教学，进行实操演练。在市老年大学，智能手机课也在火热开展，帮助老年人破解"智慧"难题。二是参与省级养老服务综合信息平台建设。构建部、省、市、县、乡、村六级穿透体系，推进全省养老服务数据汇聚共享，提升养老服务信息化水平。越来越多的智慧养老产品和服务走进养老机构和寻常百姓家，让养老更"智慧"、让晚年更幸福。通过智慧养老平台，不仅让老年人有需求时可以"一键呼叫"，甚至可以"未卜先知"全天候及时掌握动态信息。智慧养老，乐享晚年。在福州市鼓楼区军门、中山、庆城等社区，依托"鼓楼智脑"，通过智慧社区平台"门禁"＋"水电"数据，对孤寡老人生活状态进行分析，可在出现异常情况时实时预警处置。在福州市鼓楼区华大街道养老服务中心，老人们通过智能健康一体机免费体检，设备自动生成血糖、血脂、胆固醇等健康报告。在智慧长者食堂，老人们刷脸就可以支付点餐，避免了忘带手机的尴尬。在日间照料中心，老人们不用带钥匙，刷脸可进房间，床上铺着"智慧床垫"，可以 24 小时监测老年人呼吸、心跳等生命体征，一旦老年人突发疾病，床垫会立即自动报警，护理人员会第一时间赶到老年人身边。高新区结合实际，把辖区内 130 多户困难老年人家庭的适老化改造列入"我为群众办实事"实践活动工作清单，添置防丢定位器和老年人防丢手环等设备，帮助家人随时查看老年人的行踪，实时关注老年人的身体状况。

第五，建设智慧体育公园，满足市民休闲健身需求。2020 年

6月28日，福州市台江区智慧体育公园正式开放。该智慧体育公园总占地面积约16000平方米，规划建设室外健身设施面积约5000平方米。市民可通过现场扫码连接器材，实时记录运动数据，并获得体测报告、运动处方、运动计划，让健身更科学。推进体育产业"上云用数赋智"，聚力打造数字体育产业新高地，争创国家体育产业创新试验区。建设智慧体育服务平台，充分利用"e福州"平台，建立健全全民健身智慧化服务机制。

第二节　大数据"上云"，守护绿水青山

第一，利用大气环境移动监测，做到精准管控。在第44届世界遗产大会期间，福州市生态环境局利用大气环境移动监测走航车进行大气管控，可以精准识别污染源组分、定位污染源地址，并辅助执法人员准确判断企业的违法行为，为企业整改开出"良方"，做到精准管控。

第二，利用无人机开展巡查。为保障第44届世界遗产大会期间生态环境良好，2021年7月15日，福州市闽侯生态环境局利用无人机对饮用水水源地开展巡查。充分发挥了无人机不受地形干扰、巡查范围广、巡查速度快的优势，有效地提高了水源地巡查的效率和质量，确保饮用水水质安全。

第三章 重视网络意识形态领域的斗争，推进数字化党建的发展

网络是当前意识形态斗争的最前沿。福州市委高度重视，确保掌握网络意识形态主导权。

第一节 突出"一落实三规范"，构筑互联网企业坚强云端堡垒

一是落实党建责任制。采取多项举措全力推进互联网企业党建工作。建立健全各级两新组织党建工作联席会议、党建巡查、工作通报等制度，制定出台《关于加强商务楼宇、商圈市场和互联网业党建工作的指导意见》，明确乡镇（街道）、园区的党建主体责任，高标准、严要求推进党建工作目标任务落地落实。选派干部开展驻园区（楼宇）包企挂职，重点推动园区互联网企业党

建工作。二是规范组建。按照"因地制宜、分类指导、有序推进"的原则，建立工作台账，实名管理，动态更新，以清单化管理模式推进互联网企业党的工作全覆盖，加强新建党组织阵地规范化建设和已建党组织的硬件水平。同时，通过"互联网企业党建联盟"平台，采取挂靠组建方式覆盖松散分布的小微企业和网商群体，探索重点组建、产业链共建、协会组建、园区联建等方式，有效拓宽党组织覆盖面。三是规范运转。突出政治引领，发挥互联网企业优势，创新和规范党内政治生活，创建"指尖党建阵地""党课大讲堂""党员E空间"等特色网络教育平台，开展网上教育培训。积极搭建党员发挥作用平台，开展党员"三亮"活动，推广党员先锋岗、党员责任区，将党建融入企业生产经营中心任务。鼓励互联网企业党建工作进章程，企业高管和党组织班子成员双向进入、交叉任职等，促进企业民主管理、科学决策、诚信经营。四是规范保障。建立健全经费保障体系，明确市、县两级财政按两新组织党员每人每年工作经费列入预算，按每人每年1200元标准发放两新组织党组织书记通信补贴，对新组建的党组织给予启动经费支持，实现两新组织党建保障方式的重大突破。推动各地在互联网企业聚集区按照"三厅三室"要求建设区域性党群活动服务中心，新建6个集聚红色元素和网络特征的区域性党群活动服务中心，确定网龙互联网公司为实训基地，为开展党员教育培训、交流互动等提供阵地支持。

第二节　突出"一坚持三创新"，适应数字化党建发展趋势要求

一是坚持规定动作不走样。充分运用网络信息技术推动党内政治生活和党员教育培训正常化、规范化，推进互联网企业党建工作创新，推动互联网企业党组织生活全面革新。制定下发了《关于进一步严格落实、认真规范基层党组织"三会一课"制度的通知》《关于实行两新组织党组织"防瘫预警"工作制度的通知》等，根据互联网企业党组织、党员的特点和需求，推行党务与政务、服务融合，将党建日常工作线上部署督办、党员学习在线交流、网上"三会一课"、网上党校等落到实处，实现"数字福州"建设和党建资源快速匹配、优势互补，推动了党内组织生活制度等"规定动作"的落实。二是创新活动平台。立足党建工作实际，树立党建工作网络化创新思维，丰富"线上"活动，提高融入度。运用信息技术，依托党建网站、网上党支部、党建App等平台，开展形式多样的学习、教育、评比、扶贫等活动，让党员释放企业党建正能量，不断提高党的先进性和创新力。推出"党建超市""党建舱""支部通"等数字化党建工作软件、党员教育管理软件和体验式的数字党建新品，构

建网络化、数字化的党建新平台，实现"数字党建"从单一功能向全面优化党建格局的转变。三是创新活动方式。充分利用网络资源，通过数字平台实现信息交互，提高党建工作效率，大力推行线上、线下"双线互动"活动方式，依托线上党团QQ群、群团QQ群等网络交流平台，形成线上发起、活动订制，线下整合阵地、资源的共享机制。创建特色网络教育平台，通过互联网企业党建部门"通信共同协议"，构建起贯穿市、县（市）区、乡镇（街道）、村（社区），覆盖多领域多行业的远程教育网络、乡镇（街道）党校及其教学点，定期推送学习课件和党课视频，开展网络志愿服务、微心愿等活动，以更灵活的活动方式吸引越来越多的党员和群众加入。四是创新品牌创建。以互联网为载体深入实施"红色领航工程"，联合全市71家互联网企业成立福州互联网企业党建联盟，起草党建联盟章程，运用数字化技术开发党建地图，展示党建成果。组织开展两新组织党建品牌培育工作，确定盛辉物流集团有限公司、福建榕基软件有限公司等50个市级两新组织党建品牌培育项目。组织开展"新新"向党——福州市两新组织党建工作创新探索活动，通过工作模式的构建、典型范例的培养，运用创新思维，在"互联网＋党建"、党企文化融合、流动党员管理、党员队伍建设等方面做出探索，其中有16个典型范例被省级以上媒体多次报道。

第三节　突出"一推进三助力"，彰显互联网企业党建工作成效

一是推进党建数字化。围绕推进"数字福州"战略，建立党建工作共联共建共享机制，搭建实实在在的宣传教育阵地和互动服务平台，打造"八闽红色小广播""红色讲坛"响亮名片，围绕党员群众关心的问题和内容，开设"党风政风热线""党建直播"等栏目，快捷方便地完成即时答疑、政策咨询、谈心交心等工作，并借助大数据和云计算进行分析，有针对性地开展党员教育、党员管理和党员服务工作，真正让数字党建"活"起来，展现马上就办、真抓实干的作风，为城市基层党建参与和服务对接提供一个管理系统，为城市基层党建注入数字功能。充分运用图文、微视频、AR 和 VR 技术等多种数字形式直观生动地展示党建成果，使手机电脑可查党建信息、户外大屏可看党建新闻，党员群众能时时处处听到党的声音。数字信息化手段的大量运用，不仅开辟了基层党建工作新阵地，而且使这一阵地成为广大党员和群众喜闻乐见的精神家园。二是助力企业有的放矢。疫情防控期间，福州市充分发挥数字党建优势，组织 12 个县（市）区和福州

高新区组织部门及两新组织代表、复工助产"导办员"、驻企服务"联络员"等,利用大数据统计分析、软件研发、电商服务、网络公益等方面的信息技术优势,在防控物资分配、企业用工等生产要素配置方面,为相关部门和在榕企业进行数据采集、存储、分析、服务、决策提供支撑,为解决企业最关心、最棘手的问题提供新方法、新模式、新路径,助力在榕企业疫情防控和复工复产,让"数字党建"成果惠及更多企业、组织和个人。三是助力企业优势互补。用好福州互联网企业党建联盟平台,发挥自身产业链和资源优势,强化产业链上下游的纵向协同和横向跨链合作,实现联盟资源优化配置和企业优势互补。作为互联网教育企业,网龙互联网公司党委成立全国首家数字党建学院,发挥"数字+党建"的特色,创新打造"中国好党员""福州好党员""党务易通"等党员学习教育平台,构建"互联网+党建"新模式,开创互联网企业与传统企业深度融合办学的党员教育培训模式。四是助力企业高速发展。围绕深化数字党建工作,打造良好数字经济新生态,培育和壮大福州市数字经济企业。阿里巴巴、字节跳动、北卡科技、海康威视等一批"党建强、发展强"的数字经济重点企业纷纷与市政府签订框架协议,不断加快数字化产业赋能。畅玩集团党支部积极引导企业发挥短视频策划和传播优势,主动帮助多家企业"直播带货",解决产销对接问题，通过党组织共建互助的形式，实现企业间抱团取暖、合作共赢。

第四节 全面加强网上舆情监测、研判和报送工作，为疫情防控提供坚实网络安全保障

新冠肺炎疫情发生以来，福州市委网信办成立疫情防控工作领导小组，实施专人专班，加大网上正面宣传和舆论引导，全面加强网上舆情监测、研判和报送工作，积极应对处置网上各类谣言和违法有害信息，指导有关地方和部门及时回应社会关切，为疫情防控提供坚实的网络安全保障。

第一，强化政治意识，迅速启动应急响应机制。2020年1月20日以来，福州市委网信办密切关注涉本市新冠肺炎疫情舆情信息，第一时间加强舆论引导，协调市级网络媒体转发应对疫情的科普宣传，提前进入状态。实现全天候收集报送相关舆情动态，持续向市委、市政府报送各类网络舆情，为上级领导决策提供有力参考。

第二，坚持守土有责，深入开展疫情舆论引导。2020年1月28日以来，福州市委网信办认真落实市委"发动市民全覆盖"要求，建立临时疫情消息推送机制，协调今日头条、腾讯、新浪、

网易等商业平台及人民网、新华网、东南网、海峡网等中央、省属新闻媒体及时转载有关报道，将重要信息以商业平台弹窗形式向全市推送。发动政务微博矩阵、自媒体大 V 矩阵联动宣传，协调日活量大的 App 设置"众志成城防控疫情"开机屏主画面，进一步提升共同抗击疫情的宣传效果。为加强属地互联网企业返岗人员健康管理，主动联系属地 70 家互联网企业，及时转达福州市委、市政府的关心关怀，传达市委主要领导对用人单位在开工返岗之际压实压紧企业主体责任的指示精神以及市指挥部《致在榕企业家的一封信》等通知要求，制作发放《防疫工作提示反馈表》，收集属地互联网企业复工准备和防疫防控工作情况，了解企业存在的困难，为市委、市政府决策提供参考。

第三，加强科学研判，稳妥做好舆情应对处置。加强舆情信息的研判，全面收集网民关切和疑虑，联合市卫健委、市市场监督管理局等相关单位和各县（市）区全面核实，及时运用互联网、新媒体平台答疑解惑，回击谣言。就部分黑客以疫情有关热词或信息为诱饵，制造电脑病毒，并通过社交网络、钓鱼邮件等渠道大肆传播问题，联手市属新媒体制作警示海报及防范提示，提醒网民注意防范。

第四章　牢固构筑网络信息安全体系

习近平总书记强调，网络安全和信息化是相辅相成的。安全是发展的前提，发展是安全的保障，安全和发展要同步推进。2014年2月27日，习近平总书记在中央网络安全和信息化领导小组第一次会议上发表讲话，强调网络安全和信息化是事关国家安全和国家发展、事关广大人民群众工作生活的重大战略问题，要从国际国内大势出发，总体布局，统筹各方，创新发展，努力把我国建设成为网络强国。①

第一节　统筹网络安全和信息化建设

信息安全事关国家安全，是信息化建设的重要内容和保障。"数字福建"建设伊始，就高度重视信息安全，就把"保障安全"

---

① 中共中央党史和文献研究院编：《习近平关于网络强国论述摘编》，中央文献出版社2021年版，第33页。

作为重要指导方针，采取全省政务网与互联网隔离、建设政务信息灾难备份中心、对"数字福建"项目普遍进行安全测评等举措，不断提高基础信息网络和重要信息系统的安全保护水平。《"十五"数字福建专项规划》把提高信息网络的安全监控与安全保障能力作为工作重点，提出要以核心技术攻关为重点，加大信息安全技术研发力度，开发具有自主知识产权的信息安全关键技术，基本满足党政军和国民经济建设主要部门的信息安全需要。多年来，福建始终坚持发展和安全并重，把信息化项目建设与维护信息安全同步规划、同步实施、同步验收，在全国率先成立了信息化标准技术委员会，制定了近 100 项地方标准，切实提高了信息化安全水平。

近年来，福州市委网信办坚持党管互联网，以贯彻落实《党委（党组）网络安全工作责任制》为抓手，推动形成党委领导、政府管理、企业履责等多主体参与的综合治网格局。积极构建网络安全支撑体系，在省内创先市场化聘用网络安全技术支撑单位，全面提升全市网络安全防护能力。

2021 年，福州市委网信办市场化聘用网络安全技术支撑单位，并制定相应制度规范，依托支撑单位开展网络安全巡检、案事件调查取证、社会面科普宣传等工作，动态防范福州属地网站被攻击、篡改以及重要敏感信息泄露等事件的发生，成功组织开展"迎接中国共产党成立 100 周年福州市网络安全攻防实战演练"

和 2021 年国家网络安全宣传周福州市系列活动，为全市网络安全保驾护航。

2022 年 2 月 25 日，由福建省委网信办指导、福州市委网信办主办的 2022 年福州市网络安全系列论坛的首场活动——"数据安全治理与产业融合发展"论坛，在福州三坊七巷郭柏荫故居举行。中国工程院院士沈昌祥发来视频寄语，希望通过网络安全系列论坛，汇聚网络安全领域顶尖学者和行业领袖的智慧和力量，在学科建设、人才培育、成果转化、产业发展等方面充分发挥引领促进作用，为福州这座历史文化名城加快建设现代化国际城市、打造"全国数字应用第一城"贡献更大网信力量。福建师范大学计算机与网络空间安全学院院长许力主持由来自政校企的专家领导参与的圆桌对话。圆桌对话围绕"经济数字化浪潮下数据安全治理"，聚焦数据安全助力产业数字化转型升级、如何平衡信息化建设与数据安全保障之间的关系、政校企如何通力配合打造数据安全体系、展望"数字福州"未来发展等内容，进行了探讨交流。

第二节　以保护人民利益为网络信息
安全工作的出发点和立足点

第一，关注市民的个人信息安全。2022 年以来，福州市晋安区检察院以《中华人民共和国个人信息保护法》实施为契机，以"扫码点餐"作为保护公民个人信息的出发点，全面摸排问题线索，密织个人信息保护的"法治网"，保障"扫码"下的个人信息安全。检察院对通过问卷调查得出的"扫码点餐"损害公共利益的相关问题进行梳理，通过送达《磋商函》开展公益诉讼前磋商会议并达成一致意见，对下一步具体工作进行部署和安排。磋商会后检察院督促相关行政机关及时开展行动，依法监管，责令商家改正。

第二，加大综合治网格局力度。近年来，福州市委网信办坚持党管互联网，以贯彻落实《党委（党组）网络安全工作责任制》为抓手，推动形成党委领导、政府管理、企业履责等多主体参与的综合治网格局。为应对网络安全挑战，维护网民合法权益，福州市委网信办持续加强网络安全宣传力度，充分利用融媒体矩阵宣传优势，"网、端、微、屏"全媒体融合发声，集纳网络安全知识、线上线下活动、融媒体产品等内容，主动刊发相关报道360余篇，总阅读量超1000万，提高了全民网络安全意识。

第三，帮助青少年养成正确的网络使用习惯，提高其网络素养。福州市委网信办以网络安全为重点，创新推出"e路守护"青少年网络素养教育系列微课，围绕青少年在预防网络诈骗、个人信息防护等方面的薄弱环节，形成系列课程清单，定期组织相关活动，引导提升青少年安全防护意识，受到社会的广泛欢迎和认可。同时，福州市委网信办加强社会面宣传，组织网络安全系列培训班、数据安全论坛、网络安全主题灯光秀、大咖话网安等活动，指导各县（市）区开展网络安全进校园、进社区、进企业等活动，推进网络安全宣传普及化、常态化、制度化开展。

第四，努力为广大老年人营造安全的网络环境。福州市委网信办根据福建省委网信办和福州市专项办的统一部署，统筹推进全市网信系统打击整治养老诈骗专项行动，聚焦群众反映强烈的网络养老诈骗问题，从严整治网络信息内容乱象，持续压缩不良有害信息传播空间，切实维护老年人合法权益，努力为广大老年人安享晚年营造清朗、安全、可信的网络环境。在福州市互联网违法和不良信息举报平台官网（https：//jubao. fznews. com. cn）开设"涉养老诈骗举报渠道"，重点受理处置以提供"养老服务"、投资"养老项目"、销售"养老产品"、宣称"以房养老"、代办"养老保险"、开展"养老帮扶"等名义，对老年人进行网络诈骗的举报。鼓励广大网民主动发挥社会监督作用，积极提供涉养老诈骗问题线索，共同净化网络生态环境，守护清朗网络空间。2022 年 5 月 30 日，福州市委网信办召开专项工作推进会，对网络信息领域打击整治养老诈骗工作进行再部署、再强调。

第三节 鼓励发动社会各方共同参与信息安全建设

为进一步提升全市网络安全防护水平，根据《中华人民共和国网络安全法》《国家网络安全事件应急预案》《福建省网络安全事件应急预案》，福州市委网信办面向社会公开遴选一批具备较强网络安全技术实力、较高社会责任感，并能有效支撑全市网络安全相关工作的企事业单位，作为2022年度网络安全技术支撑单位。

中国电信福建公司下属有国家一类应急通信队——福建机动通信局，以及遍布各市县的应急通信预备队，形成了省、市、县三级应急机制，是福建省内首屈一指的应急通信力量，在历次重大活动、抢险救灾中发挥重要作用，为电信公众网和重要客户提供临时替代、支撑和补充，为社会各界提供常规通信和应急通信服务。中国电信福建公司自主开发了网络信息安全一键封堵系统，在厦门金砖会晤保障中已得到安全检验；中国电信福建公司还将运营商信息安全监管能力延伸开放给ISP企业，增强政府对ISP的信息安全监管能力，成为全国首创。

　　中信网安作为第 44 届世界遗产大会信息网络安全保障的总服务商,凭借连续四届数字中国建设峰会信息网络安全主要服务商的丰富经验,在第 44 届世界遗产大会信息网络安全保障专家组林世山等安全专家的指导下,于 2021 年 5 月 6 日启动安全保障工作,联合大会信息网络安全保障相关支撑服务单位,投入具有大型会议安保经验的专业人员将近 300 人。基于华安星网络安全保障综合态势平台,信息网络安全保障团队围绕世遗官网、福州市政务云平台、海峡会展中心和海峡文化艺术中心两大场馆网络开展保障工作。累计抵御黑客攻击千万次,抗 DDOS 防护共清洗流量数百 G,封禁境内外恶意网络攻击 IP 超过千个,最终确保世遗大会期间网络安全的平稳态势,未出现影响正常业务的网络安全事件,有效保障了大会的有序进行。

　　在福建省数字福建建设领导小组办公室公布的 2021 年福建省信息技术应用创新解决方案项目名单中,位于福州市高新区的北卡科技有限公司自主研发的专用加密即时通信系统——"北卡密信"榜上有名。该系统使用卡信进行部门内部的加密通信与文件传输,避免误操作导致文件外发等问题。此外,卡信为用户提供快速建群、发布通知公告、建立安全文档、进行文件签批、设置加密电话、开展视频会议等功能,确保政府部门进行快速、便捷的移动办公与安全通信,避免敏感信息被恶意泄露。

第四节　注重产业安全和基础设施信息安全建设

2022 年 2 月 25 日，由福建省委网信办指导、福州市委网信办主办的"数据安全治理与产业融合发展"论坛，在福州三坊七巷郭柏荫故居举行。这是福州市年度网络安全系列论坛的首场活动。2022 年，福州市委网信办以成功申办 2023 年国家网络安全宣传周开幕式等重要活动为契机，科学谋划贯穿全年的网络安全系列论坛，致力打造兼具科技前沿、地域特色的网络安全宣传盛宴，提升网络安全意识，护航福州经济发展行稳致远。

2022 年，由福建省委网信办指导、福建省网络与信息安全测评中心牵头组织，福州地铁集团等 5 家单位共同编制的《城市轨道交通综合监控系统网络安全实施要求》（DB35/T 2056—2022）获批发布。这是国内首个获批发布的城市轨道交通综合监控系统网络安全地方标准，填补了该领域网络安全标准空白。2022 年 5 月，福建省内首条实际运营的 5G—V2X 智能网联公交线——马尾车路协同 M1 线路四辆公交车迎来升级，搭载新版智能网联车载设备（OBU），能够保护车载硬件、软件，使车辆网络免遭恶意攻击而导致系统毁坏、配置更改及信息泄露，保障行车安全。

第五节 强化人才支撑，着力打造高素质的 网络安全人才队伍

网络空间的竞争，归根结底是人才竞争。近年来，福州市委网信办聚焦国家、社会对网信人才的迫切需求，以实战化、规模化为导向，积极构建网信人才培养体系，加快推进福州市网络安全保障体系和能力建设。依托福州大学城优势打造网信人才培养示范基地，深化与福建农林大学、闽江学院等高校合作，将网信人才培养提前至高校教育阶段，有力促进教育链、人才链与产业链、创新链的有机衔接，打造"政产学研"一体化网信人才孵化实践平台，培养一批网信事业发展急需的产学研综合型人才。2021年，先后在福建农林大学和闽江学院授牌成立福州市网信人才培养示范基地，推动福州网信人才培养"政产学研"一体化迈出更加坚实的一步。

为提升网信人才实战化水平，福州市委网信办连续两年举办全市大规模网络安全攻防实战演练，检验参演单位的安全防护和应急处置能力，完成全市各县（市）区攻防演练全覆盖。组织开展首届网络安全技能大赛等活动，发挥职业技能竞赛在技能人才培养、选拔和激励等方面的积极作用，着力打造一支高素质的网络安全人才队伍。

第五章　坚持信息技术自主创新，加速推动信息领域核心技术突破

当前，我国基本建成规模与技术位于全球前列的通信基础设施及门类较齐全的信息技术产业，但核心技术短板及产业生态问题仍然存在，实现核心技术突破必须走自主创新之路。

第一节　加强信息化产业的自主创新和先行先试

在信息化建设刚刚起步的年代，能否探索科学有效的先行办法，激发创新创造活力，是信息化建设的关键。习近平同志强调，"要抓好信息产品的科研生产，提高具有自主知识产权产品的比重，积极参与国际标准的研究制定。要集中力量抓住关系国家安全和对产业发展具有重大影响的核心技术，

加大研究开发力度，推进产业发展"①。2000 年 12 月 23 日，福建省政府召开专题会议，听取原省计委《"数字福建"工作方案》的汇报，同意"十五"前三年，政府主要制定发展规划和政策导向；"十五"后两年，全面推广应用示范工程和应用项目的成果。同时，组织开展"数字福建"关键技术攻关，初步建立"数字福建"技术开发体系。2001 年，福建就开展信息资源整合与开发利用等进行具有前瞻性的规划部署。2002 年，开展电子商务、企业信息化等示范工程建设，以点带面，推动"数字福建"建设。正是坚持把创新作为引领发展的第一动力，积极推动在一些领域先行先试、大胆探索，福建在短时间内突破了制约信息化发展的诸多难题，推动"数字福建"建设驶入快车道。

在推进信息化建设和大数据运用过程中，福建省抓住历史机遇，积极布局大数据产业，在 2016 年就制订了促进大数据发展实施方案，系统谋划推进全省大数据战略实施。经过几年的努力，不断地夯实基础，具备了加速发展大数据产业的良好基础条件和优势，涌现出一批具有市场影响力的大数据平台与技术企业，打造了国内一流的大数据产业和应用示范基地。以大数据为核心要素，以大平台为运营支撑的产业集群基本形成，福建成为国家电

---

① 习近平：《缩小数字鸿沟，服务经济建设》，《福建日报》2002 年 5 月 17 日。

子政务综合试点省、国家数字经济创新发展试验区、公共数据资源开发利用试点省，信息化综合指数、数字政府服务能力、数字经济发展水平均在全国名列前茅。

《福建省大数据发展条例》首先完成推进大数据发展地方立法。大家共商大数据发展大计，促进各行各业更好地使用大数据技术，赋能产业发展，大力推进数字经济发展。在这方面，福建重点采取了"六个一批"的举措：突破一批关键核心技术；建设一批数字创新应用场景；壮大一批数字特色产业；培育一批数字领军企业；建成一批数字示范高地；探索一批数字创新机制。

2019年，福州市积极融入国家数字经济创新发展试验区（福建）建设。目前，全市共有数字经济上市企业37家，占全市上市企业的43%。

第二节　"十四五"期间数字经济与实体经济深度融合发展

"十四五"时期，福州积极融入国家数字经济创新发展试验区（福建）建设，聚焦新一代信息技术研发和创新应用，驱动数字经济与实体经济深度融合，赋能传统产业转型升级，催生新产业、新业态、新模式，壮大经济发展新引擎。

第一，持续增强数字产业化县（市）区竞争力。鼓楼区依托福州软件园、金牛山互联网产业园等，打造鲲鹏生态创新中心等数字产业化集聚发展高地，"十四五"期间实现软件园产值向两千亿跃升。仓山区依托橘园洲智能产业园区、互联网小镇、AI 小镇、北斗小镇，以智能产业发展为核心，打造千亿级智能产业集聚区。高新区依托海西高新技术产业园、生物医药和光电产业园，做大做强光电、5G、区块链等新兴产业，释放大学城、科学城、中科院海西研究院等创新主体策源力，实现数字技术创新转化集聚发展。台江区依托海峡电子商务产业基地、台江数智港等，运用"互联网＋"等新技术，着重发展数字金融产业，形成示范。晋安区依托福州软件园晋安分园、晋安湖三创园等，大力发展 5G＋智能制造、数字内容、智慧家居等产业。马尾区依托物联网产业园，加快中国・福州物联网开放实验室建设，打造国际一流物联网产业示范区，培育千亿级物联网产业集群，树立中国物联网产业"马尾坐标"。长乐区、滨海新城打造数字经济"新基建＋新应用"集成示范区，依托东南大数据产业园等发展大数据科技服务；建设"海丝"卫星综合服务平台，增强卫星应用赋能和产业优势能力；推进中国・福建 VR 产业基地建设，培育内容生产和分发平台，推动 VR/AR/MR 技术设备研发和产业化。

第二，培育优质数字创新企业。实施数字经济企业培育行动，每年遴选公布一批高新技术、"瞪羚"、"独角兽"等创新企业，培育形成一批未来领军型创新企业和平台型生态企业。编制新一代信息技术产业链产业图谱和招商目录。充分依托数字中国建设峰会平台，引进一批数字经济头部企业，助力数字产业发展。推进晋安湖、旗山湖和东湖等三创园建设，打造一批数字经济领域创新创业孵化器、众创空间。开展"以商招商""以智引智"，增强产业链上下游协同性。实施互联网返乡工程，吸引更多闽籍、榕籍数字经济企业家返榕投资创业。招引国内外龙头骨干企业落户福州，支持华为、腾讯、阿里、字节跳动、京东等已落户企业加快发展产业生态。

第三，加快培育区块链产业。引导并加强具有自主知识产权的区块链底层技术研发，构建基于分布式标识的区块链基础设施，提升区块链系统间互联互通能力。开展产教融合区块链和产研孵化区块链建设，抓好"区块链＋"工作，培育一批"链上民生""链上金融""链上健康"等区块链特色应用标杆产品。支持软件园、东南大数据产业园、海西高新技术产业园等有一定区块链发展基础的园区，建设多种形式的区块链创新发展基地。加快区块链技术产业化进程及区块链与传统产业的融合进程，引进培育平台型龙头企业，带动引领产业发展。争创国家区块链创新应用试点和国家级区块链发展先行示范区。

第四，打造国家级网络视听产业基地。加快推进中国（福州）数字视听产业基地申报工作，鼓励发展高清/超高清视频（4K/8K）和5G高新视频产业自主关键技术和产品研发。推进视频编解码及画质处理芯片、超高清机顶盒的产业化配套，培育"芯—屏—端—网"产业集群。促进网络视听产业与文化创意产业融合发展，推进融媒体制播体系建设和视听内容创作，重点扶持超高清内容生产与创作，打造东南超高清视频版权聚合平台。发挥海量视听数据和丰富场景优势，大力开展数字视听企业招商，申办短视频大会。

第五，大力发展智能网联汽车产业。在马尾区、滨海新城、东南汽车城等区域率先发展智能网联汽车产业，推进无人驾驶测试基地和实验室建设，深入实施一批5G车路协同示范应用项目。开展智能网联汽车商用示范应用，搭建智能网联汽车交流合作和产业协同平台，建设智能网联汽车检测实验室。力争到"十四五"末，智能网联汽车在特定场景中的商业化运营模式实现创新性突破，L3级以上高级自动驾驶形成规模化应用。

第六，加快发展电子竞技产业。充分利用滨海新城IDC资源，打造云游戏东南算力中心，带动5G云游戏产业联盟领军企业加入滨海新城生态圈。支持本地创新主体建设游戏开发共性技术平台、开源开放创新平台、公共技术服务平台、游戏引擎研发平台。引导开发搭载闽都文化 IP 的精品原创游戏，提升福州 IP 人物、场景、故事影响力。鼓励本地企业和机构积极参与行业研究，制定电竞场馆建设、运营服务、直转播等规范及电竞赛事体系标准。

第三节　通过产学研相结合方式，加强信息化人才建设

第一，强化人才是第一资源意识。推进信息化建设，做大做强数字经济，加快数字中国建设，归根结底靠人才。正是充分尊重人才、依靠人才、激发人才，"数字福建"建设集聚了各方面的智慧和力量。2001 年 3 月，福建依托福州大学，成立了福建省空间信息工程研究中心，作为"数字福建"的技术支持和人才培养基地。20 多年来，福建不断加大信息化人才培养和引进力度，持续开展互联网经济优秀人才创业启动支持工作，举办福建省互联网经济创业创新大赛，组织千人互联网经济领军人才培训，为"数字福建"建设提供了有力的人才支撑。

第二，推进企业与高校合作培养人才模式。2010 年 12 月 15 日，福州大学与福建联通在福州隆重举行战略合作协议签字仪式。根据协议，双方共同致力于在人才培养、新产品研发、关键技术

攻关、成果转让、项目规划和关键技术论证、福州大学信息化建设及应用、通信领域服务等方面开展全面的战略合作。双方将充分发掘和利用各自的领域优势资源，实现福州大学在基础研究、技术研究、人才培养方面和福建联通在应用研究、科研成果产业化方面的优势互补，发挥福建联通在通信和信息化建设及应用领域的优势，支持和促进福州大学"数字校园"信息化建设及应用工作。

第三，建设数字产业园，使其成为信息化人才汇集地。2021年3月31日，海创汇福州东湖三创中心在滨海新城中国东南大数据产业园揭牌。海创汇福州东湖三创中心由海尔海创汇和长乐区政府共同打造，依托海尔集团的产业资源及海创汇开放的生态资源，开展三创大赛、招商引资、创业沙龙、人才对接等工作，做好产业培育，为福州三创发展贡献力量。2021年3月31日，福州三创大赛启动，经过初赛、复赛两轮筛选后，福建希卡智能科技、为纳光电、虚拟现实云教具实训平台、迦百农 AI、优库净品5个优秀创业项目在比赛中脱颖而出。

第四，"十四五"期间将建设数字中国人才高地。制定适应数字福州发展要求的人才战略和措施，引进一大批"数字福州"城市建设需要的战略性人才，将数字经济领域人才纳入各类人才计划支持范围。开展大数据专业职称改革试点。加强"数字福州"智库建设，组建数字城市研究院，打造政、产、学、研、用一体化的新型智库和创新平台。结合闽都院士村建设,聘请两院院士等国内国际一流人才加入智库。健全完善校企人才对接,鼓励高校、科研机构联合数字经济头部企业在福州设立创新研究院、联合实验室、实训基地等,多元形式培育数字技术应用型、技能型、复合型人才。

第四节 加强对数字人才队伍建设的组织领导和统筹协调

第一,对福州市现有数字人才的情况开展深入的摸底调查。充分了解企业对数字人才的需求以及数字相关人才的发展趋势,根据数字经济发展情况制订福州数字人才发展规划,以发展规划为引领推动数字人才建设和发展,进一步优化数字技术和管理人才结构,为福州数字经济高质量发展提供人才资源保障。

第二,将数字经济人才列入全省紧缺急需人才引进指导目录。探索制定个性化、差异化、多样化的高精尖数字人才引进政策,在人才落户、子女教育、就医看病、交通出行等方面建立阶梯式支持机制,加快引进一批数字经济领域学科带头人、技术领军人才和高级经营管理人才。加大政策激励,吸引更多的优秀闽籍企业家返乡"二次创业"。支持企业设立博士后工作站,培养数字经济青年创新人才。2017 年以来，福州市坚持实施人才强市战略，着力打造"有力度、有精度、有温度"的闽都人才聚集区，提出了"四个一千"①人才计划，在三年内引进培养千名博士。"榕博汇"正是福州引才、留才、用才的一个生动实例。

第三，在提高用才的精准度上下功夫。人才工作是一项事关城市长远发展的民生工程，要想实现"使用人才各尽其能"，充足的筑梦空间、公平的发展环境和良好的创业环境不可或缺。福州推出"闽都英才卡"，持卡人可享受住房、医疗、教育、信贷、税收、交通等 13 个方面的优惠政策，2017 年就有 8 类 233 位各类高层次人才领到了这一高含金量的卡片。"闽都英才卡"的发放，必将进一步优化福州市人才发展成长环境，营造崇尚知识、重才用才的良好氛围。

第四，扩大和落实高校专业设置自主权。支持高校设置数字经济类相关专业、课程或研究方向。鼓励本科高校和职业院校、科研院所与企业、园区采取多元化形式合作培养数字经济应用型、技能型、复合型人才。探索设立"旗山云大学"，推动福州大学城与高新区协同创新发展，打造数字经济产业急需的各类适应性人才。

---

① 所谓"四个一千"是指：招聘培养千名博士，为福州市党政机关及企事业单位储备一批优秀高层次人才；表彰千名本土人才，以贡献论人才，有效盘活人才存量，分行业激励本土人才，激发人才创新活力；建成千套人才公寓，分层分批，采用配建、自建、购买等方式，增加人才公寓供给量，建设人才社区，着力解决引进人才住房需求，其中福州地铁公司在地铁 2 号线金山、闽侯竹岐出入口配建一批小户型人才公寓，福州城乡建设发展总公司从晋安鹤林融信后海人才公寓中安排一栋楼 160 套，按照四星级酒店标准精装、运营，出租给符合条件的高端人才；招千名大学生促千村发展，让他们扎根基层，服务新农村建设，增强农村发展的后劲。

第六章　不断发挥信息化对经济社会发展的驱动引领作用

近些年来，我国数字经济发展较快、成就显著。根据2021全球数字经济大会的数据，我国数字经济规模已经连续多年位居世界第二。特别是新冠肺炎疫情发生以来，数字技术、数字经济在支持抗击新冠肺炎疫情、恢复生产生活方面发挥了重要作用。[①]

第一节　信息化对经济社会发展的重要作用

第一，信息化是经济社会发展的重要支撑和引擎。早在世纪之交，习近平同志就强调，"信息化是当今世界经济和社会发展的大趋势，它是我国和我省产业优化升级和实现现代化的关键环节，

---

① 《习近平论互联网建设与管理（2021年）》，学习强国平台，2022年1月18日。

四个现代化，哪一个也离不开信息化"①。2002 年 6 月 7 日，他在"数字福建"建设领导小组全体会议上的讲话强调，各级各部门要加深对实现国民经济信息化重大意义的理解，认识到"数字福建"就是福建的信息化，是新世纪福建省现代化建设上新水平的重大举措。20 多年来，福建省委和省政府始终把推进"数字福建"建设作为重大战略工程持续推进，一张蓝图干到底，一任接着一任干。2012 年，工业和信息化部将"数字福建"建设提升为区域信息化科学发展的样板工程，"数字福建"升格为国家试点工程，逐步从"人无我有"迈向"人有我优"。"互联网＋经济"已成为中国市场经济发展的新常态，先进科学技术不断涌入国门，信息化带动工业化，信息经济与实体经济深度融合，加快对生产、流通、消费、民生等领域的广泛渗透，以信息流带动物资流、资金流、人才流、技术流，催生大量的新服务、新业态、新模式，数字经济的发展形成引领经济社会转型发展的新动能。

第二，信息化的出发点和落脚点是发展成果惠及人民。福州市依据国家大数据战略，结合福州特色，以市数据资产运营公司为主体，基于汇聚整理、共享开放、交易利用等核心业务场景开展工作。通过推动健康医疗、普惠金融、快递大数据、海事大数

---

① 《"数字福建"建设的重要启示——习近平在福建推动信息化建设纪实》，《人民日报》2018 年 4 月 20 日。

据等一批数据开发利用试点示范应用项目建设，打造一批数据融合产品，真正使发展成果惠及人民。

第二节 加快数字经济发展

第一，"数字福州"为经济发展注入强劲动力。福州打造形成了鼓楼软件产业、仓山人工智能产业、长乐滨海新城大数据产业、马尾物联网产业、高新区芯片半导体产业等一批特点鲜明的数字经济创新集聚带。通过互联网、大数据、人工智能和实体经济的深度融合，产业发展迈向中高端。2020年，数字经济上市企业已经达到37家，占全市上市企业将近一半，一批细分领域的领军企业脱颖而出。福昕软件在PDF领域位列全国第一、世界第二。新大陆科技集团有限公司成为二维码解码芯片领域的领头羊，瑞芯微的多媒体芯片设计全国领先，博思软件的电子票据业务的省一级市场占有率高达80%。一批传统企业在互联网的引领下实现了转型升级。福耀玻璃借助工业互联网平台，生产效率提升了30.5%。景峰科技实施数字化改造，订单周期缩短40%，生产能力提高了3倍。

第二，"数字福州"成为产业发展的主攻方向。福州市委、市政府将数字经济建设纳入经济和社会发展规划，把"数字福州"

作为产业发展的主攻方向，仅 2020 年就实施了 5G 基站、人工智能、工业互联网等新基建项目 175 个，总投资近 2300 亿元。近年来，福州市全力推动"数字福州"建设，数字经济发展呈现出良好态势。凭借数字峰会的金字招牌，共签约 334 个数字经济项目，总投资 3247 亿元，先后引进了百度、京东、比特大陆等一批数字经济龙头企业，推动华为、腾讯、字节跳动福建区域总部等一批重点项目落地。目前，福州数字经济连续三年规模及增速均为全省的"排头兵"。

第三，推进数字产业发展，促进数字经济与实体经济的融合。东南大数据产业园内，新中冠大数据研发运营中心建设进程过半，建成后可推动产业园研发创新能力再提升。中国电信福建东南信息园二期正在"预热"，项目全部建成后可提供超 10000PB 的数据存储和服务能力，助推园区数据处理能力再强化。福建科龙天亿智能科技有限公司、福建壹中正和信息科技有限公司荣获国家高新技术企业称号，目前园区已有国家高新技术企业 20 余家……作为福州大数据产业发展高地，东南大数据产业园汇集了国家级互联网骨干直联点、国家东南健康医疗大数据中心等一批"国字号"项目，带动一批大数据龙头企业集聚。目前，园区累计注册企业 569 家，注册总资本 468.4 亿元，正在数字产业化的"快车道"上大步迈进。

在福建长源纺织有限公司，智能化的生产让"千人纱、万人布"的传统纺织业变得"轻盈"。车间万锭用工从 35 人减为 22 人，产品综合优等品率从 88％提升到 95％，一等品率从 98.7％提升到 99.6％，生产效率稳步提升。长源始终致力于建设智能化纺织工厂，推动开发尝试更多 5G 工业互联网＋智能制造应用场景，助力纺织工业制造业转型升级。

福耀玻璃工业集团股份有限公司建立起智慧供应链协同平台，覆盖客户、制造、供应商、终端、平台、第三方应用等，以实现交易在线、供应可视、安全可靠。这使下游的客户能够及时准确地了解企业订单生产及交付信息，使上游的供应商能够及时获取采购需求及日生产计划，从而降低库存水平，提高协同效率，实现供应链整体优化。

目前福州市"上云上平台"工业企业数量超过 2000 家，培育了 8 个省级工业互联网示范平台、24 家应用标杆企业、188 个省级"互联网＋先进制造业"重点项目，2020 年规模以上工业高技术制造业增加值增长 5.2％。围绕产业数字化，接下来，福州将继续在纺织化纤、机械制造、冶金建材等方面主导产业集中发展智能制造，为各行各业插上加速发展的"新翅膀"。

第四，数字技术为农业全面赋能。近年来，福州围绕各地发展现代农业的实际需求，重点支持水果、水稻、茶叶等设施种植和禽类养殖等重点领域，推动大数据、云计算、物联网、人工智能在农业生产、经营、管理中的应用。目前，全市累计建设 2 个农业农村部数字农业建设试点项目、9个省级现代农业智慧园、24个省级农业物联网应用基地、6个市级数字农业示范基地及69个农业物联网应用示范点。

第五，推行产业链"链长制"。围绕"扶引大龙头、培育大集群、发展大产业"，福州推行产业链"链长制"，梳理了16条重点产业链。市大数据委在做强"新一代信息技术产业链"的同时，推动相关领域企业通过提供数字技术、产品、服务和应用解决方案，对传统产业进行全方位、全链条改造，支持其余15条产业链数字化升级，实现新一代信息技术与制造业、农业、服务业各领域融合发展。

第六，推进数字人民币的应用。2022年4月2日，央行公布福州将作为第三批加入数字人民币试点的城市之一。在福州三坊七巷、上下杭、烟台山等景区，以及东百中心、台江万达、爱琴海等商圈，已有部分商户支持数字人民币支付。已有超过50家入驻的商户平台，覆盖了京东、美团等购物应用平台，滴滴出行等出行应用，饿了么、天猫超市等生活应用，携程旅行、途牛等旅游应用。还有网上国网（用于电费支付）、中石化、中国电信翼支付等生活常用支付场景。福州市房管局与建设银行城南支行经过密切沟通论证，依托数字人民币的安全性、便捷性、普惠性，开通数字人民币可缴住宅专项维修资金业务，为广大市民提供高效支付体验和优质金融服务。2022年5月，福州市房管局住宅专项维修资金窗口为晋安区绿城晓风苑 9 号楼业主成功办理了数字人民币交纳住宅专项维修资金业务，这是福建省首笔数字人民币缴存住宅专项维修资金业务，全程不到 2 分钟。福州市房管局还将充分发挥数字人民币点对点支付、实时到账等特性，兼顾系统升级改造与业务流程优化协同发展，丰富市民办理维修资金业务渠道，打造便民惠民的房管新生态。

第七，智慧助力定西扶贫。嫁接"福州智慧"，建设"数字定西"，福州大学与定西市签署战略合作框架协议，携手共建"数字定西"。福州市把获评"中国廉洁创新奖"的项目——福州惠民资金网复制推广到定西，援建定西建成"定西扶贫惠农资金监管网"，线上线下齐头并进推动消费扶贫。线上方面，依托在福州市建成的"一中心十二馆"定西农特馆、市区一体定西·福州消费扶贫生活馆，持续加大线上线下特色产品产销对接工作力度，借助甘肃·定西"定有福"福州农特体验馆开展直播带货活动。组织市内龙头企业及电商企业，联合京东、淘宝、"甘肃党建"等网络平台，设立"京东·定西特产馆"等线上消费扶贫专区 17 个。与此同时，通过网上兰洽会等节会、展会的举办，推动定西市本地企业利用节会、展会平台展示特色产品，开展网上促销活动，拓展东西协作消费扶贫销售渠道。线下方面，支持具备条件的农民合作社在发达地区设立销售窗口，精准对接东部市场，与农业产业基础完善的农民合作社签订长期购销协议，建立稳定的产销关系。同时，选择全市有实力、规模大、信誉好的 40 个综合超市、大型加油站等经营主体设立消费扶贫专区，让更多特色农产品直接进入超市专柜销售，打通产业扶贫"最后一公里"。"协作帮扶"双向发力，助力消费扶贫。

第三节　培育良好生态，激活数据要素市场

第一，大力推进物联网全场景应用。2017 年以来，福州陆续建设了水系联排联调、智慧水务、智慧小区系统。针对台风季引起的城市内涝难题，福州首创物联网水系联排联调平台，在 47 个易涝区域、833 个智能井盖、260 个水位监控点、107 个江河流速监测点、12 个小型气象站部署了 1500 个物联网传感器，实时采集、监测城区水库、湖泊、闸站、内河水位和路面积水数据，实现水务监测、水闸联动、应急排涝、指挥调度等关键要素的协作联动，提升城市排涝应急人员、设备、物质的调配和响应效率，在 2017 年 7 月抗击双台风"纳沙""海棠"中见成效，形成物联网应用的"福建特色"、全国最佳实践。2021 年 10 月，由福州市大数据委组织城区水系联排联调中心、城投集团申报的水系智慧调度项目和 5G＋智慧城市项目分获年度世界智慧城市大奖·中国区能源和环境大奖、基础设施和建筑大奖。世界智慧城市大奖被

誉为智慧城市行业领域的"奥斯卡"。在马尾名城国际小区，建设了全国首个物联网智慧小区，包括智能水表、智能门禁、智能路灯等 13 个物联网应用场景。积极打造福州军门智慧小区，部署智慧音箱、智能门禁、智能消防栓等 19 项物联网应用，将信息化技术融入社区治理，让群众生活和办事更方便、更平安、更幸福。

第二，数字驱动经济建设。在数字驱动下，近年来，一批批新兴产业接力在榕城大地开花结果。马尾国家级物联网产业示范基地已建成，汇聚的 200 多家物联网企业，联手推进物联网的标准制定、产品研发、技术应用等；区块链经济综合试验区加速打造，引领福州市区块链创业活跃度跻身全国前列，截至 2020 年底，全市区块链企业累计 523 家、占全省约 40％；在福州软件园，770 家软件相关科技企业落户，技工贸总收入突破千亿元，软件产业势头强劲……

第三，数字推动社会治理能力提升。2021 年 4 月，福州市数据汇聚共享开放利用水平全国领先，数字政府发展指数在全国省会城市中位列第四。近年来，福州着力打破数据应用壁垒，创新数据管理制度，出台 4 部政务数据管理办法，互相关联形成管理闭环。首创首席数据官制度，确保数据开放专项专人专管。推进国家公共数据资源开发利用试点工作，创新打造一批城市级大数据平台，助力营商环境优化。为培育数据生态，激活数据要素市场，福州目前正在打造全国领先的数据资产运营中心，推进健康医疗大数据国家试点工程。与此同时，推动"数据赋能"，释放数据应用红利：依托公共信用数据，在全省首创推出个人信用"茉莉分"，打造构建 13 个"信易＋"应用场景，覆盖出行、旅游、审批等民生方面，累计服务 5000 万人次，累计优惠金额超 500 万元。下一步，福州市大数据委将继续以"茉莉分"为抓手，总结、推广福州市社会信用体系建设经验，赋能福州都市圈和闽东北区域经济社会发展。

2020 年，福州建成了国内第二家由地方政府主导投入的公共数据创新基地，该基地目前已成长为福州市培育数据生态、激活数据要素市场的一大载体。基地入驻中电数据、优易数据、博思软件等相关大数据企业，以此为依托探索"数据集市""模型集市"等新型数据运营模式。2021 年，福州市还积极打造全国领先的数据资产运营中心，探索形成"数据汇聚＋数据治理＋数据开放＋数据应用＋数据交易""五位一体"的数据资产运营产业链。依托现有建设基础，深化公共数据融合创新应用，探索完善数据分级分类和确权机制，通过数据要素带动产业发展和经济转型升级，促进福州市数字经济与实体经济深度融合。与此同时，福州市也在不断尝试提升数字要素与既有生产要素的组合，开拓发展新业态。"数据＋金融"——福州市与市农商行、海峡银行携手，合作开发战"疫"征信贷产品；"数据＋人才"——福州在全国首创数据就业新业态，出台《福州市加强公共数据开发利用推进数据就业工作实施方案》，充分发挥"数字福州"建设优势，采取项目带动方式扩大就业，带动超过 4000 个数据就业创业机会……数据资产与其他生产要素的良性互动，持续释放数字经济倍增效应。在福州大数据产业高地，东南大数据产业园已累计注册企业 569家，注册总资本 468.4 亿元。下一步将持续创新大数据制度建设、探索数据开发利用模式，大力推进国家健康医疗、邮政、国土、海事等大数据试点工作，把海量数据资产真正激活，释放数据红利，更多更好地惠及于民。

第四，激活更多培育力量。2020 年，福州市发布《关于进一步加强数字经济、平台经济示范企业人才保障工作若干措施的通知》，将"独角兽""瞪羚"企业纳入适用范围。在福州市鼓楼区，"独角兽""瞪羚"被列入服务企业直通车平台重点清单，可获得更高效便捷的政务服务。

第五，推进智慧税务的建设与应用。在首届数字中国建设峰会上，由国家税务总局推荐、福建省税务部门报送的"金税工程·电子税务局"获评数字中国建设年度最佳实践，三年来，税收信息化建设突飞猛进。在大数据、云计算、人工智能、移动互联网等现代信息技术辅助下，福州税务部门着力建设以服务纳税人、缴费人为中心，以发票电子化改革为突破口，以税收大数据为驱动力的具有高集成功能、高安全性能、高应用效能的智慧税务。与此同时，福州税务不断拓展"非接触式"办税缴费范围，

2020年福州税务非接触式办税率达到96.5％，目前全程网上办理的税务事项达215项。未来，福州税务将秉承"纳税人在哪里，服务就在哪里"的初心，乘着数字化改革的东风，建设更高水平的智慧税务，达到问题易询、减税易办、困难易帮，提高政策宣传的针对性和精准度，为福州加快打造"全国数字应用第一城"贡献税务力量。

第四节　加大重点行业的扶持力度

第一，加大对人工智能企业创新发展的资金支持。福州市政府出台了《推动人工智能企业创新的措施》，加大对人工智能企业创新发展的资金支持。一是对被科技部认定为国家新一代人工智能开放创新平台的企业给予500万元奖励。二是对新认定的国家重点实验室，在省级补助的基础上，再给予100万元奖励；对新认定的省级企业重点实验室给予50万元奖励。三是对认定为省级新型研发机构的企业，在省级奖励的基础上，再给予30万元奖励。按非财政资金购入科研仪器、设备和软件购置经费25％的比例，省、市两级财政按1：1比例，给予最高不超过500万元补助。四是每年设立1000万元专项资金，开展"人工智能关键技术研发与应用"等市级科技重大专项，支持产学研联合实施，每项给予 100 万元补助。

第二，支持 5G 网络建设和产业发展。《福州市促进新型基础设施建设和融合应用的若干措施》提出支持 5G 网络建设和产业发展。一是加快 5G 网络设施建设；二是支持 5G 核心产品研发；三是鼓励 5G 相关企业做大做强；四是支持从事 5G 相关产品研发企业落地；五是鼓励 5G 行业交流合作。

第二部分
"数字福州"
建设现场教学点

第一章　福州软件园现场教学方案

福州软件园于 1999 年 3 月动工兴建，同年被科技部认定为"国家火炬计划软件产业基地"，规划面积为 3.3 平方公里，是福建省迄今为止最大的软件产业园区。多年来，福州软件园遵循"可持续发展、生态型、山水园林式科技园区"的理念进行规划、建设，公寓楼、运动场、公交、餐饮、自助式银行等配套设施一应俱全。

一、教学目的

学员通过实地参观，听取讲解，领悟"数字福建"的内涵，思考如何运用数字力量助力福州建设成为繁荣兴旺、宜居宜业、和谐幸福的现代化国际城市。

二、背景资料

2000 年，习近平同志极具前瞻性地作出建设"数字福建"的重要决策。福州数字化建设的先声由此开启。福州软件园在全国第一次互联网浪潮中应运而生，园区被定位为数字经济的综合载体，福州软件和信息服务业的腾飞之路由此开启。

20余年间，福州市委、市政府认真贯彻"数字福建"战略，高度重视"数字福州"建设，全力推进数字经济发展，"数字福州"为经济发展注入强劲动力：福州打造形成了鼓楼软件产业、仓山人工智能产业、长乐滨海新城健康医疗大数据产业、马尾物联网产业、高新区芯片半导体产业等一批特点鲜明的数字经济创新集聚带。从技术创新到广泛应用，引领经济能级提升，呈现跨越发展之势。2021年，福州数字经济规模达5400亿元，已成为福州高质量发展的强劲引擎。

历经20多载风雨，福州软件园从最初寥寥几栋研发楼宇，产业规模仅12.7亿元，成长为福建省内产业集聚度最高的软件园区。超千家企业汇聚，一批数字经济领军企业在园区扎根，一步步走向世界舞台，"中国行业数字技术应用第一园"名号越发响亮。

三、教学内容

建设福州软件园是福州市政府整合中小型软件企业，促进本地软件业朝规范化、产业化方向发展所采取的重大举措。软件园以"一园多区"模式将福州"软实力"辐射全市，相关企业超1800家，规模突破1500亿元，一批特点鲜明的数字经济创新集聚带为经济发展注入澎湃动能。

福州软件园鸟瞰图

（一）聚产能，促发展

园区持续推进标准化建设工作，致力于打造"中国数谷"，园区云集软件信息、光电芯片、新一代信息技术三大数字经济支柱产业，已汇聚超800家企业，上市挂牌企业28家，上市公司分支机构15家，上市后备企业31家；产值超亿元企业70家，国家重点软件企业10家，全国软件综合竞争力200强企业7家，高新技术企业200家。涌现出如瑞芯、联迪、榕基、福昕、福晶、睿能、长威、顶点、福昕等一批细分领域领军企业。先后引进了华为、字节跳动、依图、比特大陆等数字产业领军企业、"独角兽"企业入驻园区。

目前，信息技术革命方兴未艾，数字化、网络化、虚拟化趋势越来越强烈，互联网具有连接的开放性、应用的广泛性和使用的经济性等优点，大大促进了产业转型的步伐，产业优化、轻化成为发展的主要趋势，新的经济增长点不断出现。

福州抓住世界产业结构升级的机遇，研究产业转型过程中的新情况、新问题、新规律和新特点，鼓励企业面向产业转型进行软件技术创新。有关部门将积极地帮助这些软件企业完成上市前的培育、改制等程序，推荐符合条件的软件企业上市，并提供便捷的服务。

（二）拓载体，促集约

按照《福州高新技术产业园区（福州软件园）控规详细规划》，积极做好园区提升改造工作，拓展载体空间。A区双创新城建成投入使用，新增建筑面积约17万平方米。2021年底完成E区光电芯片产业基地建设，新增建筑面积约5.8万平方米并提前对外招商。D区软件信息产业基地全面动工，新增建筑面积约9.8万平方米；福晶科技二期D楼动工建设，新增建筑面积约4.6万平方米。探索与省、市国企合作或注入社会资本的方式继续推动福州大学铜盘校区等地块提升改造项目。积极引导和鼓励园区拥有自有产权空间的企业，对自有空间实施提升改造，在满足企业自身转型升级需要的同时，开放自有空间积极招商引资，形成对园区产业空间的有益补充，提高园区空间整体使用效率。

（三）搭平台，聚人才

随着海内外软件产业和信息化的迅猛发展，各类软件人才的需求大大增加，福州因地制宜培养市场需求的软件人才。

吸引国际 IT 企业，把福州作为培训基地，大力发展重点行业的大型应用软件培训，为东南地区吸引较高层次的软件人才创造条件。充分发挥著名学府在培养软件方面基础性人才的优势，吸引更多的国内外著名院校落户福州，加大软件技术、信息化技术、网络技术等学科的建设力度，为福州软件产业的发展提供丰富的人才储备和良好的研究、学习氛围，使这些基础性软件人才既有国际化的眼光和水平，又有本土化的意识和能力。与国际上成熟的软件人员培训机构合作，以培养熟练的软件蓝领工人、福州软件产业的本地人才为基本定位，造就闽东南地区的软件蓝领培训中心。

为提高园区专业化服务水平，福州软件园还积极实施数字精英孵化、苗圃、榕树三大计划，成功打造"五凤论见"精品论坛，华为软件开发云、基金大厦、"知创福建"、智慧园区、海峡人力资源产业园、软件交易福建工作中心、鲲鹏赛道适配中心等七大公共服务平台投入运营，计划重点拓建多功能软件测评服务中心、培训认证平台、职业技能提升中心、高级版金融服务平台、数字园区平台、标准化定制平台。依托鲲鹏赛道、海峡信息大赛等渠道引进数字产业精英，园区现已集聚各类技术人才 3 万多名。大力实施"大赛—众创空间—孵化器—加速器—园区"全链条、差异化的创新创业"苗圃计划",不断致力创新服务生态圈,以技术、资本、IP、人才、市场全方位服务企业。引入大型龙头企业、科研院所、高等院校等研发中心落地园区,与福建省海峡技术转移中心签订战略合作协议,为企业发展注入创新动力。构建园区"上市快通道",助力拟上市企业财务投资与战略投资,助其拓展新业务、挖掘新机会。

(四)稳经济、促增长

以保持经济稳定运行、推动数字经济产业发展、提升载体拓宽产业空间、持续提升营商环境、提高园区知名度为抓手,全力推动园区高质量发展。全市首创二维码扫码入园举措,有效解决疫情防控与生产效率冲突问题,率先实现园区企业100%复工复产。

2020年园区总收入达1200亿元,实现"千亿园区"目标,并成功蝉联"中国最具活力软件园",荣膺"2019全国影响力园区"称号。

(五)保存量、抓增量

推动数字经济产业发展,园区主动作为,通过开展线上招商、平台招商、以商招商等举措,推动招商引资工作落到实处,加快数字经济产业聚集,园区已落地字节跳动、阿里钉钉生态加速基地、北大法意、新西兰绘梦集团、福建万加显科技等招商项目合计 48 项，总投资 55 亿元；与福建省海峡技术转移中心签订战略合作协议，吸引该中心毕业企业入驻园区。同时，园区坚持扶持本地企业发展，2020 年认定申报高新技术企业 100 家，省级高新技术企业 94 家，高新技术企业数量在全市名列前茅；瑞芯微于2020 年 2 月主板上市，福昕软件 9 月于重制板上市，长威科技提交了上市材料，园区取得历年以来最好上市成绩；园区拟上市后备企业达 31 家，占鼓楼比例为 45.59%，占福州市比例为11.4%，发展后劲强劲。

（六）重宣介、树品牌

"中国数谷"得到广泛认可，在第三届数字中国建设峰会召开期间，成功举办鲲鹏赛道年度总决赛闽派数字精英大会。在"数谷之夜"晚会三场数字嘉年华活动中，闽派数字精英大会在线观看人数超过 22 万人，"数谷之夜"晚会在线观看人数超过 128 万人。《人民日报》、人民网、新华网、福建广播电视台、学习强国平台等 20 多家媒体也同步做了宣传报道。园区知名度与影响力得到大幅度提高。"中国数谷"品牌进一步打响、四区"软实力"整体提升。

（七）落实四项保障

1. 创新创业保障。实施"苗圃计划"，2021 年新入驻项目 43个，累计孵化企业 400 余家，存活率超 81%；累计培育国家高新技术企业 59 家，2 家市级众创空间升格省级。自"苗圃计划"实施以来，兑现政策减租 168 万元。成功举办全国大众创业万众创新活动周福建分会场活动，以"高质量创新创造，高水平创业就业"为主题，通过专业资本对接、项目辅导、政策支持等服务，助力企业成长，达到聚要素、汇资源、引人才、孵项目的目的。

2. 人才服务保障。依托海峡人力资源、麦斯特和博达等人力资源机构，为瑞芯微等多家企业提供"一企一案"人力资源解决方案；促成闽江学院、工程学院与园区企业多领域产研合作；成功举办"四创科技杯"第十一届海峡两岸信息服务创新大赛暨福建省第十五届计算机软件设计大赛决赛，共有 286 支来自各地的团队参加，选拔出了一批优秀团队和项目；举办第二届鲲鹏大赛，吸引参赛、参训企业超 500 家，关联企业遍布全国 20 余个省份，为发掘培育数字经济产业优秀人才搭建良好平台。

3. 社会治理保障。统筹疫情防控、安全生产等工作，完成疫苗接种、全员核酸检测演练任务，郊野公园获评 3A 景区，打造智慧步道、新增大众茶馆等配套设施。

4. 智慧园区保障。编制数字园区地方标准，完善园区"三网一库六控"信息网络，研发"福园宝"惠企小程序，上线"扫码优惠就餐""共享单车"等多项惠企便民服务。

（八）以纽带，促交流

作为"一带一路"之"海丝"核心区城市福州的软件园，努力发展与"海丝"沿线发达国家在软件及集成电路产业上的合作，这也是福州软件园相对于其他省份软件园的一项重要特色。

由于软件技术具有广泛的渗透性，软件技术与传统产品可以有机结合，这种结合将衍生出大量高新技术产品。福州软件园把东南地区利用软件技术改造传统产业作为重中之重，促进传统产业的优化升级，提高传统产品的附加值、科技含量和档次。与此同时，促进软件链中企业的市场行为由产品导向转为服务导向，由提供软件产品向提供解决方案和服务转化，努力提高软件产品的服务附加值，使之成为福州软件产业新的经济增长点。

（九）已孵化成功的上市公司

1. 福建榕基软件股份有限公司。

福建榕基软件股份有限公司成立于 1993 年 10 月。2010 年 9 月 15 日，在深圳证券交易所挂牌上市。

公司是国内知名的软件产品和服务提供商，专注于软件产品的开发与销售、计算机系统集成及技术支持与服务。始终致力于社会生产信息化、公共服务和社会管理信息化等领域，在电子政务、信息安全、质检三电工程和协同管理等四个细分市场形成了竞争优势和领先地位。

公司是国家规划布局内的重点软件企业、国家重点高新技术企业、国家 863 高技术研究发展计划成果产业化基地、国家创新

福建榕基软件股份有限公司大楼

型试点企业,拥有计算机信息系统集成一级、涉及国家秘密的计算机信息系统集成甲级资质。通过了军工产品质量管理体系GJB9001B—2009、CMMI 3 等认证,是行业内取得资质和认证种类最齐全、等级最高的企业之一。

公司研发基地、客服中心位于福州软件园内,公司拥有员工800多人,在北京、济南、郑州、马鞍山、上海、杭州、福州、深圳、香港建立有 10 多家分/子公司,并在全国设立了 100 多个运维服务网点。

公司坚持软件"行业化、产品化、服务化"的经营模式,服务客户包括国家党政机关和职能机关、军队、电力企业、进出口企业、电信企业、金融保险证券会计企业、生产制造销售企业等,享有上千家应用系统用户和数万家产品用户的良好知名度和美誉度。

公司拥有专利及"榕基"品牌的自主知识产权软件产品100多项。荣获"中国优秀计算机信息系统集成企业""中国软件产业最大规模100强企业""中国软件行业十大创新企业""信息化影响中国贡献企业""推动中国电子政务软件突出贡献奖""全国用户满意企业""全国用户满意服务企业"等称号。

公司致力于打造具有新发展理念和持续学习能力的团队,不断推进软件"行业化、产品化、服务化"的经营布局,巩固传统业务优势,积极培育以移动通信技术、互联网技术为基础的新业务,致力于传统和创新两大运营服务体系,力争成为中国软件行业的又一旗帜企业。

第一阶段:从无到有

1993年10月—1997年,以榕城为基地,提供本地化系统维护和分包电力企业办公自动化软件开发服务业务,奠定了一定的行业、技术、资金基础。

第二阶段:从小到大

1997—2001年,向政府、质检、电力和交通等行业拓展,独立承接MIS开发和系统集成业务,成为福建省内优秀的行业应用软件开发和系统集成商。

第三、第四阶段：从一省走向全国

第三阶段：2001年开始，实施软件"产品化、行业化、服务化"经营战略创新，并取得初步成功，业务拓展至全国其他区域。

第四阶段：2004年开始，加大战略创新投入，盈利模式转变取得重大突破，逐步在四大细分市场建立了一定的竞争优势和领先地位，成为中国知名的软件产品和服务提供商。

未来：成为民族软件产业旗帜性企业

企业上市后继续推动软件产品和服务产业化，实现规模化发展，实现持续经营，逐步走向世界。

【里程碑】

1998年，承接福建省公安交通网络计算机信息网络系统项目。

1999年，承接福建省电力计算机广域网项目。

2000年，被科技部认定为"国家火炬计划重点高新技术企业"。

2000年，承接广东检验检疫全省网项目，进入质检行业信息化。

2001年，承接福建省人民政府"三网一库"工程，奠定企业在政务信息化领域的里程碑。

2001年，成功研发榕基电子单证企业端软件产品"易检"RJ－Easy，获国家质量监督检验检疫总局授权在全国进出口企业中推广销售，立足质检行业"三电工程"，标志着企业向以软件产品和服务为核心业务的战略转移。

2001 年，实现国家 863 计划信息安全技术项目成果转化产品——全球第一套手持式网络安全隐患扫描系统，落实软件产品化战略，开辟信息安全业务。

2001 年，企业研发中心和客服中心迁驻福州软件园。

2002 年，被认定为"国家规划布局内的重点软件企业"。

2003 年，浙江榕基信息技术有限公司成立，企业市场领域从福建拓展到北京、河南、广东、浙江，"从一省走向全国"。

2004 年，发布榕基新一代 Web2.0 协同办公软件产品任务管理平台 I－TASK，标志着企业协同管理软件产品技术进入新的阶段。

2004 年，获原国家信息产业部授予的"计算机信息系统集成一级资质认证"。

2007 年，国家电网采购的榕基任务管理平台 I－TASK，为 SG186 协同办公系统团队协作应用唯一入围产品，公司参与协同办公系统的研发和推广，旗下亿榕信息成为 SG186 协同办公系统项目总实施商。

2007 年，获"推动中国电子政务软件突出贡献奖"。

2007 年，被国家质量监督检验检疫总局通过招标方式确定为"检验检疫电子监管企业端软件"运行维护商，承担国家"三电工程"（电子申报、电子监管、电子放行）企业端软件的研发、运维服务,在全国 20 多个省市、2 万多家榕基客户中进行电子监管软件服务升级。

2007 年,被国家信息产业部、中国软件行业协会评为"中国软件行业十大创新企业"。

2008 年,被国家发改委授予"国家高技术产业化十年成就奖"。

2009 年,获"影响十年中国信息安全突出贡献奖"。

2010 年 8 月 2 日,通过中国证监会 IPO 审核,并于 9 月上市。

2. 瑞芯微电子股份有限公司。

瑞芯微电子有限公司是国内独资的专业集成电路设计公司和经国家认定的集成电路设计企业,专注于数字音视频、移动多媒体芯片级的研究和开发。公司自主研发的 RK2606A 芯片被誉为 2006 年度中国最亮的一颗"芯",荣获"最佳市场表现奖",迅速成为 MP3 高端芯片的第一品牌。2007 年"瑞芯数字音视频处理芯片控制软件"在第 11 届中国国际软件博览会上获得金奖,与微软正式建立战略合作关系。

公司总部位于福州市鼓楼区铜盘路。在北京、深圳及上海三地均设立分公司,为瑞芯子项目研发及市场业务对接平台。

公司始终坚持自主创新的产品研发方向和"经营公司须先经营人才"的人才理念,拥有一支高素质的、经验丰富的技术研发

瑞芯微电子股份有限公司大楼

团队，独立完成从芯片到 SOC 软件的整体解决方案，并在此基础上拥有多个自主知识产权。瑞芯的合作客户遍及国内外，已成为移动互联芯片解决方案的领先品牌。

公司每年以业务增长 200％～300％的速度飞快前进，以坚韧的毅力和饱满的热情担负着发展民族 IC 设计产业的责任。

公司主要产品为用于个人移动互联终端产品（MID/互联网电视/智能手机/智能家庭话机/电子书）和便携式多媒体娱乐终端（MP3/PMP）的主芯片，为消费电子产品和整机生产厂家提供从芯片平台到系统 SOC 软硬件的整体解决方案，始终保持着旺盛的技术研发能力。

3. 福建顶点软件股份有限公司。

福建顶点软件股份有限公司是一家平台型软件公司及行业应用解决方案供应商。公司于 1996 年成立，是"国家规划布局内重点软件企业"，2017 年在上海证券交易所主板上市。

福建顶点软件股份有限公司门牌石

福建顶点软件股份有限公司主要致力于为证券、期货、银行、电子交易市场等大金融行业提供以业务流程管理（BPM）为核心的信息化解决方案。

公同自主研发的"灵动业务架构平台（LiveBOS）"，为包括证券、期货、银行、电子交易市场等在内的金融行业及其他行业提供以业务流程管理（BPM）为核心、以"互联网＋"应用为重点方向的信息化解决方案。

公司注重 Fintech 领域的研发，主营业务主要涉及证券、期货、银行、信托、电子交易市场等多个行业和领域，业务范围涵盖前、中、后等多个层次，提供针对互联网化应用支持、集中交易、高端客户交易、业务运营中台、柜台市场、区域市场、投融资业务、财富管理等多种业务领域的软件产品及服务。

公司已经形成以福州、武汉两地为研发中心，上海为运营中心，北京、上海、深圳等区域为服务中心的全国服务网络。

基于 LiveBOS，公司跨行业实现技术、管理经验、开发模式的共享，成长为跨行业"基础平台＋应用方案"的综合解决方案提供商。在非金融行业，通过建立专业化子公司的形式开展业务，其中，顶点信息主要从事非金融行业企业信息化业务，亿维航软件主要从事教育软件开发领域信息化业务。

四、教学流程

8：30　从市委党校出发

9：30　到达福州软件园一层展厅

10：30　前往相关公司听取汇报

11：00　结束教学

五、研讨题目

1. 探讨如何更快更好地推动把福州建设成为数字中国建设示范城市、数字中国建设福建样本的排头兵。

2. 从福州软件园的建设经验中，您获得了哪些启发？

六、总结提升

福州软件园是福建发展数字经济的成功经验之一，现阶段数字经济已经成为我国产业结构升级的持续动力源泉。展望未来，继续以数字经济的高质量发展引领产业结构升级将是突破经济发展瓶颈的重要路径。要加快推进新型数字基础设施建设，通过数字产业化的战略布局、空间优化以及产业数字化的加速转型等措施促进产业结构升级，实现我国经济更高质量、更有效率、更为安全的发展，加快建立现代产业体系，推动经济体系的优化升级。

第二章　仓山互联网小镇现场教学方案

世界因互联网而更多彩，生活因互联网而更丰富。1994 年我国与 Internet 全功能网络连接，标志着我国最早的国际互联网络的诞生。从 2000 年开始，我国互联网行业逐渐进入发展快车道，取得令人瞩目的成绩。中国互联网发展在数字经济、技术创新、网络惠民等方面不断取得重大突破，有力推动网络强国建设迈上新台阶。

一、教学目的

仓山互联网小镇位于福州市仓山区金林路 35 号，是"数字福建"的成果之一，园区已初步形成以数字信息科技企业专业孵化平台、互联网与网络信息安全企业成长加速平台、数字化智能服务平台等三大平台为核心的数字信息产业聚集区。

学员通过参观学习仓山互联网小镇的特色产业、园区经验、未来规划，深化对数字化产业发展的探索，更好地建设数字化福建。

二、背景资料

"数字福建"即信息化的福建，依托互联网技术，将全省各部门、各行业、各领域、各地域的信息通过数字化和计算机处理，最大程度地加以集成和利用，快速、完整、便捷地提供各种信息服务，实现福建省国民经济和社会信息化。

党的十八大以来，以习近平同志为核心的党中央重视互联网、发展互联网、治理互联网，提出要顺应信息化、数字化、网络化、智能化发展趋势。仓山互联网小镇便是在"数字福建"的建设步伐下，以"智能仓山"产业发展方向为指引，全力打造的互联网科技与网络信息安全产业重要赋能平台之一。

仓山互联网小镇正是在这样的大背景下诞生，也是"数字福建"的成果之一，为孵化更多数字力量提供平台、创造机会。

三、教学内容

（一）园区概况

如今的仓山互联网小镇是一座充满活力的科技之城，但这里最早是一片破旧的老厂房。通过最初的发展，仓山互联网小镇"腾笼换鸟"实现产业转型，成为互联网数字智能产业发展的"热土"。2019年园区总产值达33亿元，2020年约50亿元，2021年近70亿元。

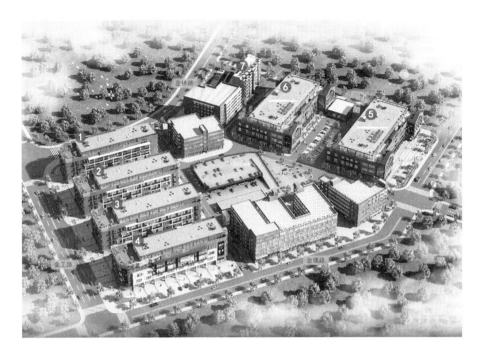

仓山互联网小镇整体鸟瞰图

仓山互联网小镇现有总建筑面积约 6 万平方米，园区在保留原有老厂房主体结构的基础上，采取有机更新的方式，分一期、二期进行改造升级。

从 2018 年 9 月园区一期投入运营，到 2020 年 4 月二期正式交付，仓山互联网小镇在"智能仓山"战略引领下，正逐步形成智能产业链协同发展的聚能平台。

（二）入驻企业

当前，全球创新格局发生深刻复杂的变化，形成以数字化、网络化、智能化为特征的产业互联网平台成为数字经济发展的重要方向，也成为推动产业数字化转型升级和经济高质量发展的重要业态。产业互联网发展最基本的驱动是产业，因为任何一个产业的发展都需要持续进步的内在需求。产业互联网不是消费互联网的替代，而是从以产业链中需求侧的消费环节为主，延伸到研产销服的全价值链，从供给侧出发为客户提供端到端的服务。北京软件和信息服务业协会会长、广联达科技股份有限公司董事长刁志中表示，产业互联网是打造消费互联网时代推动数字经济发展的重要引擎，是对消费互联网的深化，强调了数字技术和产业的深度融合，产业互联网为传统产业提供了数字化新的基建。[①]

截至 2021 年底，仓山互联网小镇入驻企业总数达 151 家，企业类型涵盖互联网科技、网络信息安全、5G 智能、新基建、数字文化创意等。其中，互联网科技类型企业 115 家，其余配套企业 36 家。

（三）所获荣誉

仓山互联网小镇众创空间 2018 年获得福州"市级众创空间"授牌，2019 年，获得福建省"省级众创空间"认定。2020 年，仓山互联网小镇荣获"福建省文化产业重点园区"称号；2021 年，获颁"福建省网络安全产业示范园"称号。

（四）发展策略

1. 谋规划。

持续完善智能产业顶层设计，与时俱进谋新篇。2019 年，仓

---

① 李争粉：《数字驱动　产业互联网迈入黄金十年》，《中国高新技术产业导报》2021 年 8 月 9 日。

山区与国内高端产业研究机构赛迪研究院对接合作，编制《仓山区智能产业三年行动计划（2020—2022)》，提出"12510"行动体系，为加快区内智能产业发展、推动应用技术创新提供路径支撑。

2020年，仓山继续强化谋篇布局，联合中国信息通信研究院编制《仓山区智能产业发展蓝皮书》，完善智能仓山理论体系。

2. 落实责任抓招商。

制定"一把手"招商、区领导认领任务等多项机制，全区处级以上领导带队"走出去"招商达88批次，走访企业开展项目考察活动451次，为仓山区储备了大量优质线索，形成区主要领导率先垂范，区分管领导、各部门共同发力引项目、抓项目的工作格局。

3. 明确重点抓招商。

瞄准世界500强、中国百强企业等，吸引一批行业领军企业入驻，做大做强产业集群，发挥已落地企业和项目作用，吸引上下游企业入驻仓山。目前，通过已落地的中国电子、中国电科、中国信科、百度、华为、字节跳动、富士康、旭虹光电等项目，吸引了上下游企业70余家。

4. 强化服务抓招商。

重点建立招商项目协调保障机制，围绕项目堵点、难点问题提供"一企一策"服务。形成服务"专班"，为企业及人才提供场地推介、子女就学、落户定居等一站式配套服务。

5. 补链条。

➢ 人工智能：头部企业领军，产业雁阵初步形成

以字节跳动、百度、华为为代表的国内 AI 领军企业入驻，着力聚焦平台工具、人才培养等领域深耕细作，头雁引领效应凸显。

➢ 互联网＋：行业深度融合，应用示范加速落地

围绕文化娱乐、网络安全、交通运输、电子商务、教育培训等领域推出定制化应用要务，切实化解行业痛点问题，放大普惠价值。

➢ 5G＋：基站建设提速，三大典型场景齐聚仓山

全区 5G 基站年底前将建成超过 1700 座，初步实现重点区域网络连续覆盖。

➢ 北斗应用：科研成果加速转化，大幅提升自主可控能力

拥有自主知识产权的全球剖分网格编码技术。实现商业化运作，成为北斗成果产业转化典范。

➢ 虚拟现实：产业重心集中在内容平台领域

区域虚拟/增强现实企业主要以内容及平台为主提供差异化、定制化、软硬一体的解决方案。

同时，仓山区也在区块链、直播经济、跨境电商等智能产业新领域进一步布局。

6. 建载体。

仓山区围绕"一轴三带、三区三镇"等重点区域，全面布局

扶持人工智能、互联网＋、北斗应用、5G＋、虚拟与现实等领域优质项目，加快打造以"高精尖智"为特色的智能产业高地，并持续接进智能产业载体扩容提质，重点打造仓山互联网小镇三期，加快推动产业小镇成规模、成体系发展，激发仓山的经济活力。

围绕橘园洲片区星网锐捷、升腾资讯、奥特帕斯等电子信息、智能制造领域龙头企业，开展传统产业提升改造计划。

7. 造场景。

仓山区围绕"数字福州"工作部署，以应用场景建设为支撑，以打造"智能岛"为理想目标，凝聚全区各部门合力，率先推动智能产业＋大应用示范场景建设，使智能科技走出展厅，走向社会。后续，仓山区将在更多领域开展示范场景建设，全力将仓山打造成"智能应用先行区"。

智能党建　智能政务　智能工业　智能园区　智能教育

智能医疗　智能商贸　智能城管　智能文旅　智能交通

8. 聚人才。

仓山科教优势明显，拥有福建师范大学、福建农林大学等大中专院校 27 所；省、市院士（专家）工作站、研究院 20 多所，数量居全市第二。在此基础上，仓山创新机制，实现政府、高校、企业三方合作，瞄准智能主导产业和重点产业链，不断强化智能产业人才聚集。

一是加强与头部企业的合作。依托百度云智学院、富士康工业互联网学院、盛隆大学开展人工智能、智能制造、智能电力等专题课程培训，加快细分专业领域人才培养，搭建软件实训实习平台与双创服务平台，提供人才实训服务。

二是加强与知名院校、科研机构的对接合作。与北京大学、武汉大学开展深度合作，联合建立智能空间创新实验室和博士后工作站，招引了一批专业度高、经验丰富的博士后研究人员。同时，发挥西安交大、福建师大的综合学科优势，设立"人工智能""增材制造技术应用（3D打印技术）"等专业，定向培养人才。

9. 铸品牌。

仓山区围绕智能产业引进并举办了一系列大型活动，聚集"智能仓山"的正能量，发出"智能仓山"的好声音，打响"智能仓山"的高端品牌。

10. 守安全。

2020年，福建省网络与信息安全产业发展促进会入驻仓山互联网小镇，在其带动下，福建闽盾网络安全有限公司、安恒信息、启明星辰、致远互联、金瑞科技等多家行业领军企业陆续进驻园区。截至目前，园区累计引进网络与信息安全生态企业近30家，多种产品和技术在电子政务、电子商务、信息安全工程建设中进行推广应用，获得良好的经济效益。当前，福州市网络安全产业进入高速增长时期。市委网信办深入网络安全企业走访调研，协调属地强化配套支撑，整合资源助力属地做大做强网络安全产业。2021年，仓山互联网小镇被评为"福建省网络安全产业示范园"，进一步形成片区生态和聚集效应，推动形成具有产城融合、产业链协同发展的网络与信息安全产业聚集平台，促进网络安全产业健康有序发展。

（五）产业升级与未来展望

产业持续性发展是区域经济不断向前的基础与动力，在仓山区产业"新""旧"转换，创新发展的新时期，仓山互联网小镇将成为今后区域经济发展新的增长极和产业支撑，带动区域互联网智能产业可持续性发展。

仓山互联网小镇一区主入口实景

未来，仓山互联网小镇将进一步放大格局、对标一流，努力做大片区生态，聚焦光电、软件、电子信息、智能制造、生物医药等，引进更多科技含量高、带动能力强的大项目、好项目，打造创新产业链，加快高端智能产业落户，积极融入福州科创走廊建设，为福州市构建现代化国际城市提供有力的产业支撑。

四、教学流程

8：30 从市委党校出发

9：00 到达仓山互联网小镇，参观并听取讲解

10：30 结束

五、研讨题目

1. 如何激发数字力量，将福州建设成为数字中国建设示范城市？

2. 如何利用数字力量，推动福州构建现代化国际城市？

六、总结提升

习近平总书记重视发展数字技术、数字经济，早在2000年就提出建设"数字福建"。党的十八大以来，党中央高度重视发展数字经济，将其上升为国家战略。党的十八届五中全会提出，实施网络强国战略和国家大数据战略，拓展网络经济空间，促进互联

网和经济社会融合发展，支持基于互联网的各类创新。党的十九届五中全会提出，发展数字经济，推进数字产业化和产业数字化，推进数字经济和实体经济深度融合，打造具有国际竞争力的数字产业集群。经过几十年发展，数字经济已成为驱动我国经济增长的核心力量，迸发出强大的生命力。相信在未来发展中，数字经济依然会是我国经济产业的中流砥柱。

第三章　新大陆科技集团有限公司现场教学方案

一、教学目的

党的十八大以来，习近平总书记两次来马尾考察创新企业，就科技创新作出重要论述。为学深悟透习近平总书记关于科技创新的重要指示精神，本课程选择新大陆科技集团有限公司这一教育实践点，打造学习教育现场教学基地，从多角度展示习近平总书记的一系列重要部署和重要指示，从而更好地帮助学员理解和感悟科技创新在福州的实践，进一步加深学员对习近平新时代中国特色社会主义思想的理解和领悟。

二、背景资料

新大陆科技集团有限公司（以下简称"新大陆集团"或"新大陆"）创办于中国福州，是一家以数字技术为核心，拥有从物联网终端、系统平台到大数据应用全产业链能力的数字化高科技产业集团，拥有超过30家分、子公司和1家主板上市公司，业务遍及全球 100 多个国家和地区,是国务院批准的全国首家赴台投资企业。集团坚持"科技创新 实业报国"的理念,聚焦政府、行业、企业的治理痛点以及商户的经营痛点,提供从硬件、软件、业务运营到数据运营的全场景数字化解决方案,拥有全球首颗二维码解码芯片、首颗数字公民安全解码芯片,在支付技术领域、识别技术领域位居世界领先的行业地位。近五年,公司主营业务收入复合增速达 30%,主营业务净利润复合增速达 33%。

新大陆科技集团有限公司大楼

三、教学路线

在研发中心门口下车——步行至一楼创新成果展厅参观新大陆发展历程及产业布局,听取讲解,进行教学总结提升(50 分钟）——步行至研发中心门口，乘车返回。

四、讲解词

各位来宾，上午好。马尾科创教育基地，旨在打造宣讲习近平总书记来闽考察重要讲话精神和践行创新驱动发展战略的平台，我们新大陆就是马尾科创教育基地的重要教育点。

"企业发展历程"版块

首先，请允许我给各位简要介绍一下新大陆的整体情况。

新大陆集团 1994 年在福州成立，从金融硬件起家，到硬件、软件同步发展，提供 IT 综合服务。成立仅 6 年的时间，新大陆在深交所挂牌上市。2009 年成为首家赴台投资的企业。2010 年发布全球首颗二维码解码芯片，背靠自主研发的二维码解码芯片，新大陆在物联网领域实现了诸多创新与突破，成为物联网行业领军企业。

正是因为如此，2015 年新大陆集团进行转型升级。在此期间，围绕着人、事、物先后布局了数字商业、金融科技、数字公民、数字农贸，打造了相互赋能的生态体系。2018 年，集团成为"数字中国"建设峰会的战略合作伙伴，"数字公民"在福州鼓楼区落地试点。同年，上市公司正式更名为新大陆数字技术股份有限公司，开启了新一轮的数字转型升级，发现数字世界的"新大陆"。

"数字福建"版块

请各位来宾先看向我右手边的这张图——"数字中国"建设

新大陆科技集团有限公司展厅

的发展轨迹。2000 年，时任福建省省长的习近平同志作出"数字福建"战略决策时提出数字化、网络化、可视化和智慧化的"四化"发展轨迹。新大陆致力于成为一家"与时代同行"的企业，从我们的发展历程可以看出：从 IT 到物联网到大数据，新大陆就是一直沿着"四化"发展轨迹不断前行的。

"视频"版块

下面请各位来宾观看短片。

"战略升级"版块

新大陆从物理世界走向数字世界的战略升级路径可以看成两

个"人"，一个是物理世界的人，还有一个是数字世界的人，并且是一一映射的。新大陆依托全球领先的二维码核心解码芯片，在金融支付、信息感知识别领域自主研发出一系列产品，销量位居全球前列，持续推动二维码在人、事、物与数字世界连接应用。在物理世界向数字世界过渡的关键阶段，新大陆开启了数字化的战略升级，以芯片技术为基础能力，以人为中心，创新数字公民治理主体；以区块链、人工智能等新一代信息技术为核心抓手，先后在可信食安、可信身份、可信健康等创新领域都有所布局。

"二维码"版块

各位来宾请看：新大陆从 1999 年就已经开始对二维码技术进行研发和投入，2010 年，新大陆推出全球首颗二维码解码芯片——"中国芯"，就是我手上拿着嵌在 LOGO 里的这颗芯片，这是新大陆在全球范围内首次提出用硬件解码方式进行信息的读取，并围绕这颗芯片申请了 130 项专利。各位来宾现在看到的这个大晶圆就是新大陆 2020 年在数字中国建设峰会上对外发布的最新的第五代解码芯片。基于我们芯片上的能力，我们研发出了模组和终端的设备（有识读类的产品，识读类的产品销量现在是全球第四，也是全球前五的唯一一家中国的企业，还有就是金融POS 设备 N910，这款 N910 应用到苏州、深圳等地的数字货币的试点）。以上，就是我们核心技术部分。

"POS机"版块

大家现在看到的就是我们起步版块——金融 POS 机，从公司成立之初我们就开始了对支付设备的研发。各位来宾现在看到的这台设备是 1997 年新大陆推出的国内首款自主研发的金融 POS 分体机——NL800，它的诞生扭转了 POS 机必须从国外进口、价格高昂的局面。同时也加速了我国进入卡支付时代的步伐。

现在各位看到的是一系列 POS 设备，这边是早期的一些畅销产品，比如说首款二维码扫码的 POS 机设备，手刷系列等。这些是目前主流的一些支付设备，新大陆全系列的智能 POS 均已支持数字人民币的支付，还有人脸识别的收银设备，新大陆人脸识别的支付设备是搭载了我们自主研发的人脸识别的识读引擎。从 2017 年开始，我们支付设备的销量跃居亚太第一、全球第二。

因为我们在支付硬件上的领先优势，所以我们从 2016 年开始就进行了数字商业的生态布局，通过资源整合和投资并购两个途径打造出了一套为中小微商户服务的一站式服务生态，我们的目标市场就是线下商户，希望能成为线下商户服务领域的领军企业，目的就是解决中小微商户发展中存在的经营难、融资难等痛点问题。

"数字人民币"版块

我们有强大的数字人民币商业服务生态，从这个闭环可以看出，基于支付设备和扫码设备的硬件基础，以及新大陆大数据、运维服务等能力，叠加了 ERP、营销、融资等一些增值服务，可为中小微商户提供从经营、管理到融资、营销等一站式的数字化运营管理平台，让商户的经营变得更加便利，目前我们已经为线下近 100 万商户提供了精准服务。

这边就是广州网商小贷公司实时放贷的数据。2020 年 5 月完成人民银行征信系统对接。

"软件公司"版块

软件公司为我们数字化转型提供大数据支撑。主要提供核心系统支撑与大数据运营服务。公司获得 CMMI 5 级和 CNAS 认证，拥有计算机系统集成甲级资质，是运营商大数据领域行业第一梯队，主要服务五大客户，除了三大运营商外，还有中国铁塔和中国航天。除此之外，我们还帮助其他行业进行产业数字化转型升级，智慧旅游、疫情防控、智慧园区等领域都有整体化的数字化解决方案。

"数字公民"版块

如何让群众生活和办事更方便一些？如何让群众表达诉求的渠道更畅通一些？如何让群众感觉更平安、更幸福一些？为此，新大陆开始探索如何通过大数据技术来推动国家和社会治理的现代化，真正做到让数据多跑腿，让百姓少跑腿，进而提升百姓的幸福感、安全感和获得感。

在 2017 年、2018 年连续两年的全国"两会"上，全国政协委员、新大陆总裁王晶递交了关于"数字公民"的提案，最终新大陆参与到了公安部一所"互联网＋可信身份认证平台CTID"的构建，为CTID平台的建设和落地应用提供技术支撑，并且被认定为国家一级应用合作机构。

2020年的6月5日，新大陆与福州市政府签订战略合作协议，打造城市级、行业级的网证应用生态，除了在福州市，还在无锡市、平潭综合实验区，以及中国移动、建设银行等省市、行业落地。建设了智慧政务、智慧社区、疫情防控、酒店住宿、特定房源管理、交通出行等可信数字身份应用场景。广大市民群众通过出示可信数字身份二维码，即可享受"一码通行"的便利。

"通信"版块

新大陆通信公司于2001年成立，是数字家庭多媒体终端和数字通信设备供应商，产品随着"一带一路"远销非洲、拉美、欧洲、东南亚等全球51个国家和地区。

新大陆通信公司的核心产品主要为家庭多媒体终端、无线交互专网和数字广播系统。

新大陆科技公司为运营商提供基于网络融合和音视频技术的家庭多媒体终端，包括机顶盒、音箱产品、网关产品和软件系统，累计出货量达1亿台。

在我国没有实现网络覆盖的地方，需要一种高质量网络覆盖的技术，解决扶贫和固边问题。以前这些技术是由美国公司垄断的。新大陆自主研发的无线交互专网系统，打破垄断，具有"成本低、易安装、覆盖广、高宽带"的特点，可以帮助国家实现文化固边、安全戍边、经济富边。

这里重点介绍的是应急广播系统，它通过全数字化管理平台对所有外置设备进行统一监控和管理，特别是当发生重大自然灾害、社会安全等突发性公共危机时，可实现省、市、县、镇、村五级联播联控，实时广播、定时广播，确保高效的应急效果。新冠肺炎疫情暴发后，我们积极响应国家防疫号召，生产大量应急设备投入防疫一线，传递防疫最强音，为疫情防控工作作出了贡献。

"教育"版块

依托深厚的物联网、大数据、人工智能背景，新大陆2010年成立教育公司，专注于新一代信息技术人才的培养，打通人才供应端和人才需求端，实现人才培养和人才需求的无缝对接。新大陆成为2020年第一届职业技能大赛高级合作伙伴。

新大陆创新提出了1＋X＋Y的人才培养机制，即学历证书＋职业技能等级证书＋行业认证证书。这个模式有利于提升学生的行业应用实践能力。1＋X＋Y人才培养机制研究和应用项目入选全国"产教融合"专项课题研究国家级项目。

现在看到的"Newlab物联生活"互动体验系统，通过立体沙盘的形式，展现物联网对生活的深刻影响，集体验功能和教学功能于一体，使用 LED 流水灯绘制出拓扑图，展示各业务环节内的数据流向，以及环节之间的控制逻辑。

目前，新大陆和厦门大学、哈尔滨工业大学、福州大学、齐鲁工业大学以及福建职业信息技术学院、重庆工程职业技术学院等全国 1300 多所院校进行合作，建立了 100 多所实习实践基地，连续 9 年支持全国职业技能大赛的举办，开展了 60 多期的师资培训，培养了 6000 多名双师型教师（同时具备理论教学和实践教学能力的教师）。

"数字中国"版块

在数字场景应用中，我们围绕医、食、教、行、安等与百姓息息相关的产业进行深度布局，除了数字公民的"安"版块，还有医、食、教、行这四大领域。

数字健康：打通医院、体检中心、手环，将各渠道的健康数据搭建在一个健康平台上，从而提供定制化的健康医疗服务。

食品安全：治理餐桌污染要从源头抓起，新大陆从 2002 年就开始食品安全溯源领域的研究。近年来，我们搭建了农业农村大数据中心以及数字食安城市平台，除了承接福建省农业云 131 工程，我们还是广东省信息进村入户的省级运营商，在广东省的 21000 个自然村都搭建了这样的益农信息社，实现农产品上行和工业品下行，同时还提供推、缴、代、取的便民服务。新大陆承接的数字食安城市平台，从田间地头到餐桌全链路的溯源，我们首创提出了以追人为主，追物为辅。将责任人以及物品的相关信息都输入主体码，做到全流程可溯源。

教育：利用人工智能、大数据等技术实现校园治理现代化。通过人工智能算法实现无感考勤、学生行为分析，为课堂教学提供客观的数据支持；智慧园区是将水表、车位、路灯、井盖、充电桩、消防栓、烟感技术应用于园区服务，这个集合了新大陆还有马尾区各个物联网公司的能力。

智慧交通：我们早期主要是致力于高速公路机电建设，像通信系统、监控系统、收费系统都是新大陆独立承建的，福建省90％的高速公路机电建设也都是新大陆承建的。后来我们的业务慢慢拓展到车联网系统建设、轨道交通、智能停车场等。福州市第一座巷道式的立体停车场就是我们承建的，在马尾图书馆边上。这块业务我们现在也已经在澳门进行试点，澳门特区政府很重视，希望能将澳门打造成一个智慧城市的范本。同时，我们也参与了港珠澳大桥建设。

新大陆在数字化的探索上发现，90％以上的企业都有一些痛点问题，基于这些痛点问题，我们也提出了相应的解决方案。目前就在我们新大陆内部进行数字化的治理，主要是数字园区、数字运营、数字财经、数字员工四大版块。

"走创新之路是我们国家，也是每个企业发展的必由之路"。未来，新大陆仍将以习近平总书记关于自主创新的重要论述为指导，紧紧围绕"数字中国"建设，以人民为中心，聚焦国计民生发展，持续构建基于大数据、区块链、人工智能等新一代信息技术的产业生态，力争成为数字中国建设的标杆企业。

五、互动研讨

结合参观过程，请结合科技创新在新大陆科技集团有限公司的实践谈谈您的感想。

六、总结提升

本教学点多角度展示了习近平同志对马尾建设、科技兴区等作出的一系列重要部署和重要指示，有助于进一步加深对习近平新时代中国特色社会主义思想的理解和领悟。

马尾牢记嘱托，实现科技创新引领，沿着习近平同志指引的科技创新之路不断前行，企业创新活力迸发，创造出众多全球、全国、全省第一的产品。比如新大陆集团，研发了全球首颗二维码解码芯片，实现了中国二维码识别技术在国际上的重要突破，在2018年获得了中国专利金奖。目前，马尾先进制造业已成为制造业的"半壁江山"，战略性新兴产业产值也占到了全区规模以上工业产值的40.9%。马尾区坚持扶引大龙头、培育大集群、发展大产业，逐渐形成了光电、新能源储能和物联网等若干特色产业集群。马尾将始终牢记习近平总书记嘱托，坚持创新驱动战略，奋力开拓宜居宜业现代化马尾新局面，建设福州现代化国际城市创新引领区，为谱写全面建设社会主义现代化国家福建篇章作出更大贡献。

第四章　福光股份有限公司现场教学方案

一、教学目的

党的十八大以来，习近平总书记两次来马尾考察创新企业，就科技创新作出重要论述。为学深悟透习近平总书记关于科技创新的重要指示精神，本课程选择福光股份有限公司这一教育实践点，打造学习教育现场教学基地，从多角度展示习近平总书记的一系列重要部署和重要指示，从而更好地帮助学员理解和感悟科技创新在福州的实践，进一步加深学员对习近平新时代中国特色社会主义思想的理解和领悟。

二、背景资料

福光股份有限公司是全国首批、福建省第一家科创板上市企业，是福建省国企混改成功的典型，为国内最重要的特种光学镜头、光电系统提供商之一，为全球光学镜头的重要制造商。

福光股份有限公司办公大楼

三、教学路线

在公司展厅入口下车，步入展厅，沿着习近平总书记考察调研路线，依次参观照片展示墙、科技项目照片展、荣誉墙、合作伙伴展示墙、超精密加工检测实验室等，听取讲解，并进行教学总结提升（约 50 分钟），步行至研发大楼门口，乘车离开。

四、讲解词

欢迎各位来宾来到福光股份有限公司视察指导，福光股份有限公司是一家主要经营军民两用高精密全光谱镜头及光电系统的企业。2021 年 3 月 24 日我们有幸迎来了习近平总书记的考察调研，下面，我们就一起追寻习近平总书记的脚步，重温总书记当时走过的路线。

福光股份有限公司是全国首批、福建省第一家科创板上市企业，其前身是福建师范学院光学仪器厂，成立于 1958 年，1971 年被授牌"国营八四六一厂"，1994 年中国人民解放军在此设立军代室，2000 年被划为福建省电子信息集团公司所属企业，2006 年引入民营资本，完成混合所有制改革。2019 年 7 月 22 日，福光股份有限公司在上交所科创板上市。请大家跟我一起参观一下公司的科技项目及产品。

在安防车载监控设备领域，日本一直是一家独大，处于绝对的垄断地位。不服输的福光人定的第一个目标就是超越日本。我们卧薪尝胆，花了十年时间，终于打破了日本企业在国际上的垄断地位，实现了进口替代，成为国内海康、大华世界一流安防品的高端镜头主要供应商。目前，我们的安防镜头出口量已居全国第一。

现在我们看到的是机器视觉。目前我们正在做机器视觉领域的镜头。在工业智能化领域，镜头是眼睛，非常重要。我们正在和上海中微联合攻关光刻机镜头，双方合作，自主研发，不惜代价。

这是阵列相机，是我们和清华大学合作的最新产品，也是未来民转军的技术。每个镜头均配备标准 4K（830 万像素）镜头，输出高达 1.6 亿像素超高清实时影像对应用场景进行视频监控全覆盖，实现超宽视角（极限 360 度）。

目前，福光股份有限公司拥有 600 多项专利，是第一批科创板上市中发明专利第二多的企业。

现在我们看到的是激光电视，我们做电视的目标是"更高、更远、更清晰"。这一款是与青岛海信合作的全球首款超短焦激光电视。还有新研发的微型投影机，可大量运用在远程教育、民用娱乐等方面。在展厅微型投影机的展品前，习近平总书记充分肯定了我们低成本微投产品的市场前景。

我们面前展示的是红外技术，红外技术可以实现夜间弱光条件下的监控和测量。红外技术一方面是未来十年安防镜头的主流发展方向。这是8公里外的海面上的一个夜间监控（指向图像）。另一方面可以运用在测温上。高德红外的光学核心部件就是我们做的。在疫情防控中，我们开足马力生产，价格一分不加，为80%以上机场、车站等公共场所提供的测温系统上的镜头得到领导充分认可。

现在我们看到的是边海防镜头，这些长焦镜头大量运用在边境海防上。天问镜头是我们一项最为重要的产品，为天问一号提供了5套光学系统，在未知的太空环境下保证成像和测量精度。

现在我们看到的是天文镜头（指着技术特点透射式、大视场、相对孔径F值1：0.8)，这些是我们在全球首创的技术。我们和紫金山天文台合作，在云南和新疆各安装1个地基平台，覆盖了整个中国领空。能够看到2000公里以外10厘米的立方体。（指着展台上的28厘米的望远镜）这是天基望远镜，是和国家天文台合作研发的，在天基平台轨道上，我们的镜头一天可以观测 2 次卫星，欧洲 3 天观测一次，美国 8 天观测一次。我们可以看到所有外国的卫星。

天基望远镜之后展示的是福光股份有限公司的军用产品，福光股份有限公司的产品在军事上有着十分广泛的应用。2014 年、2017 年，我们的大口径光学镜头产品分别获得了军队科技进步一、二等奖。

一直以来，敢于创新的福光人用热血和汗水创造了一个又一个辉煌，取得了一个又一个荣誉。我们始终遵循习近平总书记"始于梦想，基于创新，成于实干"的教诲，党的十八大后，公司加大了研发投入，创新成果比较突出，获得了国家知识产权优势企业、国家技术创新示范企业、工信部"专精特新小巨人"等荣誉，建设了国家示范院士专家工作站、国家企业技术中心、博士后科研工作站等一批国家级创新平台。

独木难成林，我们长期与中科院以及各大军工集团合作，为其提供光学元器件和部件。长光所的批量产品都是委托我们在做。在行业内有种说法叫："北有长光、南有福光。"

（在展厅前往超精密加工中心的途中）

福光股份有限公司有三个融合的特色：股权融合（混改）、军民融合、自主创新和引进消化吸收再创新的融合。作为一家民营企业，能够承担这些重大的国家科研任务，我们感到很荣幸和自豪。我们接下来的技术目标，就是对标欧洲最领先的光学技术，追赶世界先进水平，为国产化升级作贡献。同时，加大研发和人才投入，加快发展步伐，为国家进步作一点自己的贡献。

（在超精密加工中心内）

我们现在所在的地方是超精密加工检测实验室。福光集团拥有行业内最完备的光学加工、检测能力，我们对国外引进的设备进行工艺提升，消化创新，提升加工精度。目前很多精度都达到纳米级。离子束加工设备：全球已知只有德国厂家在做（莱宝），目前来看国内只有我们在做。这两台设备能够加工口径一米以上的超精密镜片，目前正在承担世界最大口径的透射天文望远镜的研制。这是要安装在西藏拉萨的，是要承担科研及科普双重功能的项目。（大口径到平行光管窗口的路上）除了加工，我们在检测设备上，也在进行国产化研发制造。这台5米的平行光管是产生平行光束来校准光学镜头的，可以测定大口径镜头的焦距和成像质量。

（参观天文望远镜）这是28厘米口径的天文望远镜，已经出口到德国。（走出超精密加工检测实验室）

未来，福光股份有限公司将牢记习近平总书记的嘱托，坚持面向世界科技前沿、面向经济主战场、面向国家重大需求、面向人民生命健康，紧盯核心技术攻关，着力解决更多的"卡脖子"问题，坚定不移地走好"军民融合科技第一"的发展路子，在新时代新挑战下，凝聚起一股建设科技强国的磅礴力量。

今天的福光股份有限公司之旅就到这里，欢迎大家再来指导。

五、互动研讨

结合参观过程，请对科技创新在福光股份有限公司的实践谈谈您的感想。

六、总结提升

本教学点多角度展示了习近平总书记对马尾建设、科技兴区等作出的一系列重要部署和重要指示，从中我们感受到习近平总书记关于科技创新重要理念在福州马尾的孕育萌发和开花结果的过程，进一步加深对习近平新时代中国特色社会主义思想的理解和领悟。

马尾牢记嘱托，实现科技创新引领，沿着习近平总书记指引的科技创新之路不断前行，企业创新活力迸发，创造出众多全球、全国、全省第一的产品。比如福光股份有限公司，在全球首创大口径大视场透射式光学系统的设计与加工技术，填补我国天文观测、空间目标精确定位系统探测能力的空白，产品技术获军队科技进步一等奖。目前，马尾先进制造业已成为制造业的"半壁江山"，战略性新兴产业产值也占到了全区规模以上工业产值的40.9%。马尾区坚持扶引大龙头、培育大集群、发展大产业，逐渐形成了光电、新能源储能和物联网等若干特色产业集群。马尾将始终牢记习近平总书记嘱托，坚持创新驱动战略，奋力开拓宜居宜业现代化马尾新局面，建设福州现代化国际城市创新引领区，为谱写全面建设社会主义现代化国家福建篇章作出更大的贡献。

第五章 福州滨海新城规划馆现场教学方案

一、教学目的

通过对福州滨海新城规划馆进行考察学习，进一步加强学员对福州城市规划和数字福州建设发展的研究和谋划。

二、背景资料

滨海新城位于福州中心城区东南沿海区域，规划面积 188 平方公里，北起长乐国际机场，南接松下港，面向东海，可以说是福州的门户。新城规划人口 130 万，其中核心区面积 86 平方公里。

滨海新城的定位是福州未来中心城区的副中心、福州新区的核心区，目标是发展成为国际化新城、居住及产业新城，成为区域的科研中心、金融中心和交通枢纽。规划形成五个功能区：北有以长乐国际机场为核心的空港城功能区，南有依托松下深水港的海港城功能区，中部包括紧邻着东海的 CBD 及旅游度假功能区，我们现在所在的是大数据产业园创新功能区以及火车站及先进制造业功能区。中部核心区根据水系和绿带进行空间

福州滨海新城东湖数字小镇

分隔，进行成片有序的开发，串联了山、河、海自然景观与CBD、行政中心、公共设施等人文景观，形成城市中轴线。

2017年2月13日，福州滨海新城项目正式启动。大数据产业园目前已入驻的重点平台包括国家健康医疗、国土资源、旅游等行业大数据中心，并建成国家互联网骨干直联点、海峡光缆一号、福建省超算中心、政务云、商务云等重要设施，吸引了移动、联通、电信、360、阿里巴巴、清华福州数据技术研究院、贝瑞基因等超过200家行业领军企业与科研项目注册。

福州滨海新城规划馆位于数字中国会展中心内。数字中国会展中心是我国数字化领域高级别会议——数字中国建设峰会的永久会址，总投资19亿元，总建筑面积约11.6万平方米，以"数字福船，乘风远航"为理念设计，造型犹如停靠在湖边的一艘巨

数字中国会展中心

轮。其主体为钢构建筑，地下一层（400个停车位），地上整体二层、局部三层，拥有峰会多功能厅2个、大型展厅2处和30间各类型会议室。该会展中心是数字中国建设峰会的分论坛所在地。

三、教学内容和流程

1. 福州滨海新城规划馆展厅大厅。

当时福州的主城区主要集中在闽江以北及仓山烟台山区域，面积约103平方公里。习近平同志当年以战略的眼光谋划福州的发展，使城市发展从闽江两岸拓展到沿海区域，城市的建设规模从103平方公里展望到800平方公里。由此，福州开始了由滨江城市向滨海城市的跨越。

在习近平同志的亲自推动下，元洪投资区和长乐国际机场分别于

数字中国会展中心

1992 年和 1993 年启动建设，现已成为福州对外开放的重要门户。滨海新城位于这两个区域之间，是沿海发展区域的重要组成部分。

这个规划和当年习近平同志擘画的蓝图一脉相承。历届福州市委、市政府始终贯彻落实习近平同志的战略决策，坚持一张蓝图干到底，努力实现建设现代化国际城市的发展目标。

首先是 1999 年批复的至 2010 年的总体规划，明确了"东进南下，沿江向海"的发展方向。

2017 年 2 月，福州滨海新城正式启动建设，同年 11 月 6 日长乐撤市建区，正式纳入福州中心城区。

按照生态先行要求，2018 年，福州启动了沿海 300 米宽、绵延 35 公里的沿岸防风林建设以及滨海新城核心区内 15 平方公里东湖湿地公园的保护修复工程。

2019年，我们目前所在的数字中国会展中心建设并投入使用，承办了第二届数字中国建设峰会。

2020年12月，国务院部委复函支持福州的临空经济示范区的建设。到目前，福州滨海新城已累计落地重点项目268项，总投资2647亿元。

福州市始终遵循习近平同志亲自制定的发展战略，为建设社会主义现代化国际城市而不懈努力。

2. 影片汇报。

接下来，通过6分钟的影片，汇报一下福州滨海新城的建设情况。

滨海新城的范围在模型上是从北边的闽江口湿地自然保护区开始，往南包括了长乐国际机场、火车长乐东站和松下港口。

3. 裸眼3D版块。

这个版块是裸眼3D的版块，主要是通过270度屏幕沉浸式地展现滨海新城一些重要的建设项目。比如，闽江口湿地自然保护区的保护修复、东湖湿地的保护修复、天津大学福州国际校区以及我们的CBD中央商务区建设等。

4. 规划概述版块。

滨海新城的规划，学习和贯彻五大发展理念，也学习和借鉴雄安新区等先进的规划编制模式，按照规划工作营的模式，邀请国内外的优秀团队共同编制。到目前为止已经形成了1＋N＋1的规划体系。第一个"1"就是滨海新城的总体规划，也就是国土空间规划，"N"是指各类型、各专业的相关规划，到目前为止已经编制了 55 个，最后一个"1"是指我们的规、建、管一体化平台。

主要有生态保护和绿色发展类型的规划、综合交通类的规划、公共服务设施布局规划等，还有保证城市安全韧性类的规划以及城市设计、规划管控等，涉及城市开发建设的方方面面，我们最后用控制性详细规划来将这些规划所确定的各类要求落实到具体地块的开发建设上，作为今后地块出让、审批、开发和建设的重要依据。因此，滨海新城创新地构建了一个规划、建设、管理一体化的平台，打通从规划到建设到最后的管理全周期的智慧城市应用。

5. 建设进展版块。

通过多年的建设，福州滨海新城也取得了一定的成效。滨海新城按照民生保障、设施先行、生态优先的原则，展开了一系列的开发建设。

首先展示的是民生保障类的项目，其次是基础设施类的项目，这里主要是为构建滨海新城与主城半小时通勤圈而打通的与主城之间联系的一系列通道。

这个区域是滨海新城所做的一系列生态保护修复工作。滨海新城在建设一开始就高度重视绿色生态。滨海新城的北侧是在习近平同志亲自关心下保护下来的闽江河口湿地，该湿地经过近几年持续不断地保护，已经成为中国最美的十大湿地之一。

东湖湿地公园位于滨海新城的中心，面积约 15 平方公里，是一个生态与活力并存的、位于城市中心的湿地公园。

滨海绿道。滨海新城在设计之初打造绿道的过程中，特别提出了打造自行车专用路系统，倡导绿色出行，打造了长达 75 公里的自行车环路。

沿海防风林。福州 2018 年就开展了滨海新城沿海 35 公里长、300～500 米不等的防风林建设，在优先考虑城市安全的前提下，也为滨海新城的可持续发展、绿色发展提供支撑。

学员在数字中国会展中心学习

四、互动研讨

1. 对于城市规划，首先要做好什么工作？对福州滨海新城的建设，您有哪些深刻的印象？

2. 福州滨海新城按照"数字中国"示范区目标打造的智慧新城的定位，主要基于什么考虑？

五、总结提升

时任福州市委书记的习近平强调：江海兴则福州兴。为此，福州市再次邀请当年编制福州城市规划的新加坡国际规划专家刘太格博士，帮助编制福州市空间发展战略规划，对滨海新城的区位、定位、功能分区等进行编制规划，努力把滨海新城建设成为引领福州发展的新龙头。

从"数字福建"到"数字中国"，福州滨海新城是按照"数字中国"示范区目标打造的智慧新城，将依托"数字福建"产业园，建设国家东南大数据中心，重点发展以大数据为核心的健康医疗产业、互联网产业、海洋产业，促进大数据与物联网、云计算、虚拟现实和人工智能融合发展。

第六章　数字福建云计算中心展厅现场教学方案

一、教学目的

"数字福建"的提出在计算机、网络尚未广泛普及的世纪之交极具前瞻性。

数字经济时代的关键生产要素是数据，数据的生命在于共享，孤立、封闭的数据是没有任何价值可言的，数据越共享越增值。"数字福建"建设一开始就抓住了资源共享这个关键点，信息资源共享政策成为"数字福建"建设的重要保障。福建省在全国率先建设了政务数据共享平台，出台了政务数据管理办法，为数据共享提供了有效借鉴。

学员通过对位于福州滨海新城中国东南大数据产业园内的数字福建云计算中心展厅的考察学习，有利于进一步加强自身对福建在大数据、云计算领域的布局、应用等的深入了解。

二、背景资料

福州滨海新城中国东南大数据产业园的定位是建设成为我国东南地区乃至全国的"两区、一中心、一基地"，即国家大数据产业集聚区、"数字中国"应用示范区，国家东南区域大数据中心，国家大数据应用创新基地。中国东南大数据产业园自 2017 年开园以来，吸引了无数优质企业入驻。目前，已入驻的重点平台包括国家健康医疗、国土资源、旅游等行业大数据中心，园区建成了国家互联网骨干直联点、海峡光缆一号、福建省超算中心、政务云、商务云等重要设施，吸引了众多行业领军企业与科研项目注册。园区以集聚信息服务业企业为主旨，以营造生态、节能、环保、智慧园区为理念，区内交通便捷、生态环境优美、文化底蕴深厚。

数字福建云计算中心

三、教学内容和流程

（一）数字福建云计算中心展厅大厅内容

2000年，"数字福建"战略决策的提出，开启了福建大规模推进信息化建设的进程。

也是在2000年，福建省电子信息集团应运而生。福建省电子信息集团作为"数字福建"建设排头兵，认真践行习近平同志重要指示，聚焦科技创新，不断提升企业核心竞争力，矢志不渝推动科技自立自强。22年来，集团主要领导同志，一任接着一任干，不断探索前进道路、创新发展模式，创造了今天将近千亿总资产体量。2021年，我们跻身中国企业500强行列，位列全国电子信息百强企业第31位，并被国务院作为国企改革12个样本之一向全国进行推广。

学员在数字福建云计算中心展厅学习

集团力争在"十四五"期间实现资产总额 1600 亿元，营业收入 1000 亿元，进入全国电子信息百强企业前 20 位。

集团拥有一级全资、控股企业 34 家，参股企业 12 家，二级企业 86 家，全资控股企业员工 4.6 万人，参股企业员工逾万人。

22 年坚守，22 年耕耘。接下来让我一起回顾一下集团 22 年以来的发展历程。

2001 年 1 月 11 日，时任福建省委副书记、省长的习近平莅临集团视察调研。

2002 年，集团出资控股并增资星网锐捷，持续坚定地支持其不断发展壮大。

2009 年，集团让出闽东壳资源，支持中华映管股份有限公司借壳重组，更名华映科技，为中华映管后续的液晶面板、玻璃盖板和触控一条龙产业向福建省转移奠定了基础。

2010 年 6 月 23 日上午，福建星网锐捷通讯股份有限公司成功在深交所挂牌上市。

2017 年 3 月，位于数字福建长乐产业园内的数字福建云计算中心（商务云）正式投产运营。

2018 年 12 月，集团入主合力泰科技股份有限公司（合力泰是国内领先的智能终端核心部件一站式供应商，多项产品产能位居行业前列），进一步壮大集团产业版块。

2020年5月11日上午，福建省委副书记、福州市委书记王宁出席福建省海峡星云智能制造基地一期工程竣工暨首台整机交付仪式。

在集团和所属企业的共同努力下，多年前行的路上，谱写了一曲曲绚丽的篇章。

（二）集团科技创新整体产业布局情况

这里展示了电子信息与数字经济产业生态全景图，展示了集团在应用服务、整机设备、核心器件三个领域所属企业的一些产业布局。

1. 研发投入及成果。

截至2020年末，集团实现资产总额超1000亿元，营业额收入超450亿元，累计研发投入91.31亿元。建成国家级企业技术中心3个，国家级工业设计中心1个，国家级高新技术企业31家，重点实验室2个，省级创新型企业12个；截至2020年累计申请专利10338项，获得专利授权1013项，软件著作权296项，集成电路布图设计登记证书4项，获补资金2.94亿元，已到位1.97亿元。

2. 企业创新成果。

截至目前，集团共有47家成员企业被评为国家级高新技术企业。合力泰连续四年上榜中国500强企业，入选电子信息百强企业，位列52位；星网锐捷蝉联"福建制造业企业100强"榜单；

升腾资讯上榜 2020 信创产业"独角兽"百强第 24 名；福日电子位列 2020 福建制造业企业 100 强第 34 名，所属广东以诺位列广东省电子信息制造业综合实力 100 强第 50 位；数字福建云计算公司为福建省唯一荣获"2020 年度国家绿色数据中心"称号的企业；星云大数据、升腾资讯、长威信科获省"未来独角兽"称号；兆元光电、数字福建云计算公司、数字南平、泉州云谷公司、星瑞格、星网元智、华佳彩获省"瞪羚"创新企业称号；兆元光电获高工 LED "2020 年度创新技术与产品类"金球奖；蓝建集团通过 2020 年度军方承制单位资格与国军标体系审核，所属瑞华公司被评为国家级专精特新"小巨人"企业；研究院入选第一批省级重点智库试点单位。

3. 集团机制创新。

紧抓行业风口，突破新兴产业。集团深刻领会习近平总书记对福建工作的重要讲话和重要指示批示精神，深入实施制造强国战略，深化福建省数字经济产业链供应链补短板铸长板工作，卡位布局前沿技术，建设了晋华、福联、华映科技、华佳彩、莆田合力泰等一批补链固链重大项目，增强了产业链供应链自主可控能力。着眼 5G、人工智能、区块链等创新技术的研发运用，依托星网锐捷、信创科技等企业推动技术创新与市场应用创新双轮驱动，形成行业示范和带动引领作用。

固牢产业链，重塑供应链。一是搭建新型显示产业链协同模式，集合力泰、华映科技、福日电子等重点企业形成新型显示产业链、供应链的配套协同，打通集团产业集群内循环。二是铺设产学研军融合发展道路。与中国工业互联网研究院、深圳算能等25家国内知名企业机构就5G、工业互联网、健康医疗等领域达成战略合作；与内蒙古及平潭综合试验区、武夷新区等省地市合作对接，并与省委军民融合办签署战略合作协议，促成集团6家成员企业参与军民融合工作，全年与企业院校合作交流近30场。

深化改革创新，激发企业活力。集团坚持走市场化道路，积极探索股权多元化，混改企业占比超过70%，集团资本证券化率为204.92%，连年位列省属企业第一名。星网锐捷入选全国首批"科改示范企业"名单，并积极推进子公司分拆上市。福日电子试点深化职业经理人制度改革，改革工作入选全国国企改革"双百行动"案例。

4. 集团智慧赋能高质量成果介绍。

集团通过国企改革激发新活力，通过科技创新释放新动能，涌现出一大批高质量成果。

智慧赋能方面：

➢ 云安全产品及服务

数字福建云计算中心态势感知平台是一款以流量、日志分析与日志管理为核心功能的安全产品，基于机器学习、大数据算法、行为分析、事件关联分析等前沿安全检测技术，能够为政府、金融、制造业、医疗、教育、电力等各类企事业单位客户面临的外部攻击和内部潜在风险进行深度检测，为企业提供及时的安全告警，多维度分析、及时预警，并对威胁及时做出处置，实现无人值守主动防御，形成了以态势感知为核心的防御、检测、响应的安全闭环体系。

> 超级计算＋人工智能

通过对福建省及福州市的政府部门、高校和科研院所、企业等单位的调研，并结合各行业和领域对高性能计算和大数据分析处理能力的需求，本着急用先行、按需扩展的原则，于2017年完成福建省超算中心（二期）的建设。

建成后的福建省超算中心（二期）可为福建省、福州市政府机关、科研机构、企事业单位提供不小于3000万亿次/秒计算能力、30PB数据处理能力的超级计算服务。可运用于生命科学、物理化学材料、气象环境海洋等六大应用领域。

> 海丝乐云

依托超算中心3000万亿次/秒处理能力和人工智能公共服务平台能力，由福建省电子信息集团建设运营的"海丝乐云"，充分发挥"数字福建"骨干云平台服务商的主导作用，通过信息化手段，向工业、农业、服务业等各领域提供行业定制化的云计算和大数据应用服务；积极配合政府开展的"万企上云"行动，聚合产业链资源，构建云服务生态圈，为社会经济各领域提供服务支撑。

目前，平台承载了包括省电子信息集团、招标集团、水投集团、市电子信息集团、新大陆等近80家企事业单位近100个重要业务系统及平台的上云服务。

建设人与自然和谐共生的现代化方面：

福建是习近平生态文明思想的重要孕育地和践行地。集团着力于推进生态省建设，实现生态环境高颜值和经济发展高质量协同并进。

> 海丝卫星数据服务中心

海丝卫星数据服务中心是海丝空间信息港重要基础设施，是负责通信、导航和遥感卫星数据获取、存储、调度和应用的技术支撑单位。具备陆地、气象、海洋卫星遥感数据的快速获取、变化监测和基于人工智能技术的自动识别解译服务能力。我们看到的地图画面是经过脱密拼接之后呈现出来的效果。

> 福建省生态云

我们现在看到的是福建省生态云平台，平台通过对读取的照片和视频进行分析预测，形成了我们现在看到的一些可视化的地图数据，可对地质、水土、大气等进行提前预警，是全国首个建成的省级生态环境大数据平台。福建省作为党的十八大以来，国务院确定的全国第一个生态文明先行示范区，一直高度重视生态发展。该平台是贯彻落实习近平同志"生态省"战略和"数字福建"重要决策的融合实践，为解决百姓身边突出环境问题、建设美丽中国提供福建经验，并作为生态文明试验区典型经验之一报国家有关部门，得到推广。

➤ 智慧海洋大数据中心

生态云平台主要是对陆地环境的监测，而我们现在看到的智慧海洋大数据中心是对海洋进行监测的。根据国家智慧海洋发展战略以及融合福建省智慧海洋建设规划，依托数字福建云计算中心丰富的数据来源以及成熟的技术积累，数字福建云计算公司牵头联合多家企业、高校科研院所共同建设智慧海洋大数据中心及关键应用示范项目。项目以海洋资源为主体，采用云计算、大数据、人工智能等技术手段，通过构建海洋立体遥感监测网、宽带卫星通信网，围绕海洋渔业、海洋资源开发、海洋环境监测、涉海电子政务等领域需求，开展特色信息应用服务，推动以智慧海洋带动海洋信息化的深入发展，在台风预警、养殖业、天气灾害、船舶航行等方面发挥重要作用。

以科技创新为产业赋能、以产业赋能促高质量发展方面：

➤ 工业供应链全生命管理系统

工业供应链全生命管理系统是基于工业互联网标识解析体系，从产品的原材料、定制生产、物流运输、服务以及最终的报废等方面进行全生命周期的数据采集和关联，实现供应链系统和企业生产系统精准对接和人、机、物全面互联，进而实现跨企业、跨地区、跨行业的产品全生命周期管理，促进信息资源的集成共享。

> 中国（福建）国际贸易单一窗口

福建省电子口岸公共平台，暨中国（福建）国际贸易单一窗口是由省商务厅牵头，省电子信息集团承建，海关、海事、边防等单位共同参与，于2014年启动，现已建成4.0版，实现了国际贸易主要环节、主要进出境商品和主要运输工具"三个全覆盖"，入选全国自贸试验区"最佳实践案例"，入选国家发改委信息数据整合试点项目，"两证合一"、出口信用保险等多项功能在全国复制推广，与国家口岸办联合发布中国（福建）国际贸易单一窗口建设白皮书。

为民办实事，切实增强人民群众获得感、幸福感、安全感方面：

> 健康医疗

为贯彻落实"健康中国"战略，深化新时代"数字福建"建设，我们已投资超过10亿元用于基础设施建设，还将投资超过20亿元按省里要求做数据汇聚整合应用，推进健康医疗大数据中心及产业园试点工程建设。同时，我们积极配合省大数据管理局、省卫健委参与健康医疗大数据顶层设计、数据汇聚工作，在基卫数据汇聚方面取得一些成果。

要充分发挥电子信息产业领头雁作用，着力构建"首尾衔接，立体互动"的数字经济产业生态，为新时代新福建建设作出更大贡献。

四、互动研讨

1. 当前，各地都在布局数据产业的发展，如贵州贵阳、宁夏中卫等。请结合实际谈谈福州应如何更好凸显在产业方面的优势。

2. 领导干部如何更好地运用信息化手段进行决策、管理、服务？

五、总结提升

数据是时代的新能源。随着互联网特别是移动互联网的发展，社会治理模式正从单向管理转向双向互动，从线下转向线上线下融合，从单纯的政府监管向更加注重社会协同治理转变。

领导干部要"识变"，要学网、懂网、用网，积极谋划、推动、引导互联网发展。为打好"运用网络了解民意、开展工作"这个基本功，要提高4种能力，即"对互联网规律的把握能力、对网络舆论的引导能力、对信息化发展的驾驭能力、对网络安全的保障能力"。

习近平总书记在 2016 年 10 月 9 日中央政治局第三十六次集体学习会上强调，各级领导干部特别是高级干部，如不懂互联网、不善于运用互联网，就无法有效开展工作。要求领导干部的决策、管理、服务，都要更多运用信息化手段。

第七章　福州滨海新城健康医疗大数据产业园现场教学方案

一、教学目的

习近平同志在福建推动信息化建设的理念创新，对今天的"数字福建""数字中国"建设，具有重要的启示作用。

潮起东南，阔步扬帆。多年来，福建传承弘扬习近平同志关于"数字福建"建设的重要理念，以举办数字中国建设峰会为契机，深化数字创新驱动新变革，加快数字赋能，融入新格局，"数字福建"已融入经济、政治、文化、社会、生态等各方面。福建先后被列入全国电子政务综合改革、国家数字经济创新发展试验区，公共数据资源开发利用等全国试点省份。健康码，是改进基层治理的有效实践。应对疫情大考，福建开发上线全国首个省级健康码——八闽健康码，并将其优化升级为福建健康码，持续提升平台信息化支撑能力，使流调溯源时间从过去的几天缩短到后来的2～6小时，更加精准划定中高风险区，更加精准锁定重点人群，使疫情防控工作更加精准、便捷、高效。

学员通过对福州滨海新城健康医疗大数据园区的学习，能够切实感受到"数字福建"是贴近生产、贴近基层、贴近群众、贴近生活的实践。

二、背景资料

福州作为健康医疗大数据中心与产业园建设国家试点工程第一批试点城市，积极推进健康医疗大数据汇聚、开放、应用和产业服务模式创新，取得了阶段性成果。目前，福州已完成37家二级以上公立医疗机构和174家基层医疗卫生机构的互联互通，入库结构化存量数据400多亿条，超25TB；影像数据145TB。同时，打造了多个基于健康医疗大数据的创新应用，包括院前急救协同平台、区域互联网医院服务平台、病案首页质量控制平台、临床科研一体化平台、医疗器械/耗材/药品供应链系统、智能影像辅助诊断系统等。

据了解，国家东南健康医疗大数据中心项目总投资达30亿元，建设内容主要分为土建、IT基础设施和数据汇聚平台三个部分。其中，土建部分为3幢数据中心机房楼、1幢研发楼、1幢展示及监控中心；IT部分为10000个标准机柜；数据汇聚平台部分为健康医疗数据汇聚和数据应用服务平台、福建省信创产业协同攻关公共服务平台等。项目全面建成投用后，将为福建省乃至周边省份近 2 亿人的健康医疗数据汇聚、开发、应用提供基础设施承载环境，提供千万级人群队列的精准医疗数据服务，为临床科研、基因测序、新药研发、健康管理等新兴产业发展提供海量存储及大数据分析能力。

三、教学内容和流程

1. 全民健康，全面小康。

习近平总书记多次强调，没有全民健康，就没有全面小康。要把人民健康放在优先发展的战略地位。2016 年 10 月，中共中央、国务院发布了《"健康中国 2030"规划纲要》；就在同一时

国家东南健康医疗大数据中心

间，福州获批成为首批国家健康医疗大数据中心与产业园建设试点城市。

获批这个试点以来，福州始终怀着"数据为民"的理念，真抓实干，不断探索。实现了全市 37 家二级以上医院、174 家基层医疗机构超 200TB 的海量数据汇聚，不断进行健康医疗大数据创新应用，利用这些数据我们对百姓的健康管理进行创新、对医疗机构的诊疗流程进行创新，例如，全民健康管理平台、5G＋院前急救平台等创新应用不断落地，让"数据多跑路，群众少跑腿"，显著增强了老百姓的获得感、幸福感。

随着试点工作的不断推进，我们始终坚持政府监管，数据所有权属于政府，形成了"政府主导、央企领军、生态共创、产学研用一体化"的模式，越来越多健康医疗领域的民生应用不断落地，我们的产业园也日益兴旺起来了，带动了福州滨海新城大健康产业的发展。

2. 福州实践。

近年，大数据可以说炙手可热，席卷全国上下，健康医疗大数据更被定义为国家战略性、基础性资源，怎么让数据服务于全民健康？

经过四年的建设，产业园以安全为底座打造了一个自主可控的生态闭环系统，这个系统就像一个"工厂"，称为数据创新工厂，一个专门生产加工数据和提供数据服务的工厂。工厂的首要任务是打造安全底座，保障数据的安全，为创新奠定基础。

首先来了解一下这个"工厂"的第一个功能——数据汇聚。通过简单的配置，就可以将福州市所有医疗机构的数据汇聚在工厂的数据中心，并通过可视化界面实时监控数据汇聚的情况。

数据汇聚后，就到了工厂最关键的一个环节——数据治理。需要对来自不同机构、不同系统的数据进行一系列的治理，这样才能让这些数据结构统一、标准统一，提升数据的应用价值。

最后，将治理好的数据去除敏感信息后，提供给政府部门和健康管理等机构使用，通过数据赋能这些机构，帮助他们开发更多、更好的服务老百姓的产品。

3. 数据工厂。

在这里可以看到采集自福州市 37 家二级以上医院、174 家基层医疗卫生机构的数据，源源不断被送往工厂的仓库，这是全国单体城市临床数据最大的仓库。这时"入库"的数据是数据大，而不是大数据。

这些数据，有结构化也有非结构化的，杂乱无章的数据是无法使用的，必须对其进行清洗、挖掘、脱敏、脱密，将其加工成为整齐的数据集，才能使用。

在生产加工过程中，安全必须摆在第一位。因为医疗数据涉及伦理、隐私，特别敏感。当时国家还没有出台相关的政策，我们率先出台了一套制度，对数据采集、传输、存储、使用、共享、

医疗大数据展示平台

销毁进行全生命周期的管控。

全国人大就《中华人民共和国个人信息保护法（草案）》公开征求意见，待法律颁布后，我们的安全制度也会对照完善。

数据加工治理好了，重点在"用"。基于此，企业建设了一个数据服务平台，可以为园区里的内资企业提供数据服务，让园区内的企业进行开发。同时，平台还能为他们提供政策、资金、市场、数据材料上的支持，形成一个完整的生态。

企业用福州本土的数据，先出了一款惠民产品——为700万福州居民建立专属的健康档案。通过收集个体人口信息及临床治疗、定期体检、慢病监测等医疗业务过程中产生的病历、体检、处方等数据，给居民作健康画像。

整个数据工厂的实践过程探索出了一条新型的以数据带动就业的路子，从相对基础的数据治理、标注就业到高端的算法、研发，福州已经在数据资源、数据资产、数据生产要素、数据就业方面，探索出了一条切实可行的路径。

4. 数字惠民。

《健康中国"2030"规划纲要》和"十四五"规划都指明要坚持以预防为主，为人民提供全方位全周期健康服务。过去福州市没有系统地对居民的个人数据进行汇聚整理，如今可依托大数据、互联网、5G等新一代信息化技术，打通百姓在基层、医疗机构、居家的数据，建立市、县、乡、村，线上到线下一体化的健康服务网络，主动为居民提供健康管理服务。

在乡镇，企业将健康管理下沉到村里，打通健康管理的"最后一公里"。通过健康医疗大数据为村民建立个人健康档案，利用智能化设备掌握村民身体状况等健康数据，依托卫生院、村所为村民提供健康咨询、营养膳食的建议，方便生病的村民能及时享有县医院远程会诊，有效控制避免小病变成大病，改善村民的健康水平。特别是一些贫困户，我们通过和民政数据的结合，对他们的健康进行提前干预，实现"一人一健康档案、一人一精准扶贫"，防止因病返贫的现象出现。永泰县因此也获得了"健康促进县"称号（截止到2020年，全县贫困户共500人。发病数仅1人，发病率下降到0.2%，2019年发病率为0.75%）。

案例：村里医生为村民进行健康检查，检查数据直接生成到系统并传输到上级医院。有村民反馈吃降压药一直无法有效降压，医生根据检查结果并结合该村民的以往病历，无法进行有效判断，请求县医院的医生进行远程会诊，县医院的医生初诊后表示该村民需要到县医院进一步检查，村医通过系统进行转诊，打出转诊单告知村民到县医院进行具体检查。

在现场可通过远程连线看到永泰县医院、卫生院、卫生所的实地情况。

在社区，我们以医疗大数据为基础，将基层卫生服务站与各大医院的数据互通，实现大医院医疗服务资源的精准释放，全面提升基层的医疗服务质量，让群众在家门口就能享受到优质的医疗服务。做到"有病及时医"。

同时借助个人健康档案为每个人定制不同的健康管理方案。系统通过数据分析自动识别出潜在风险对象，提前进行健康干预，提高居民健康素养，为广大人民群众构建"大病在医院，小病去社区，康复回社区"的新型健康管理服务模式。

线上，我们实现数据融合、业务互通，建立了福州市民统一健康管理门户"榕医通"，通过线上渠道的拓展，打破健康服务空间的局限。民众可以在榕医通 App 上享受到家庭病床、疫苗快查、疫苗预约、互联网医院等健康管理服务，实现"一部手机管健康"。

"互联网医院平台"让线下医疗机构初诊过的患有慢性病、常见病患者可以直接在手机上进行线上复诊，由医生开电子处方，物流平台送药上门。从而提高了市民看病的精准度，减轻患者负担，极大地方便了群众就医。

从基层到社区、从线下到线上，我们充分利用健康医疗大数据，为市民提供了一站式医疗服务，让我们的数据真正"取之于民、用之于民"。

5. 数字惠医。

我们通过精准的健康医疗大数据赋能医疗行业，提升医疗机构的效率和诊疗水平，让医疗机构更智能、更高效、更好地服务于百姓的就医。

5G＋院前急救。比如，我们对院前急救体系的创新，效果就很明显，我们的市二医院是以骨科为主的专科医院，急救的数量比较多，抬到救护车上的病人经常是开不了口、说不了话的。通过与医院后台、健康医疗大数据平台的数据共享，救护车上的医生能够调取病患档案，了解患者既往病史、检查检验记录，相当于"上车即入院"，节省了时间，有效地提高了急救效率，降低了伤残率。

全国肝癌和肝病大数据平台。肝病肝癌在我国属于高发病种，在福建省更是位居恶性肿瘤发病率的第二位。为了解决这一疾病带来的伤害，我们通过大数据的流通，将全国肝病和肝癌大数据汇聚到福州。利用海量数据，训练出更精准的算法。同时研发出了行业首创的人工智能辅助诊疗系统——"孟超肝病 AI 外脑"，可为医生诊断和治疗给出规范化建议，提升基层医疗机构的服务能力（肝癌术前微血管侵犯风险预测、肝癌术后复发风险预测）。

福州市公共科研平台。公共科研是医疗大数据的需求端，我们搭建了公共科研服务平台，帮助科研人员在数分钟内完成几十万病历的筛选，并进行快速统计分析。大大缩短了科研人员找医院、找数据的时间，提高了科研成果应用到临床诊疗所需要的时间。

以"糖尿病与心衰"为例，科研工作者通过该平台快速筛选研究课题的目标患者，并查看这些患者有哪些并发症，基于这些数据进行挖掘分析（可以看到有用双胍类药物的病人平均住院天数比没有用药的病人少，接下来可以结合其他分析，将结果绘制成图表，发表到科学期刊上或提供公共卫生的建议方向）。

6. 数字惠政。

以前没有健康医疗数据汇聚时，政府对百姓健康情况很难掌握，以至于公共卫生的应急防控有漏洞，医疗监管有难度，很难进行精准施策，有的放矢地管理百姓健康。

如今我们利用大数据，转被动为主动。例如，通过对福州海量数据的深入分析，我们发现福州的消化道疾病比较普遍，尤其是东南沿海（比如本土长乐），胃癌发病率较高。

针对胃癌防控，最有效的手段就是早筛早诊和有针对性的健康教育。我们将胃癌早筛工作覆盖至全市 13 个区县，超 15 万人次，定期进行抽样检查、早筛诊治。政府可以通过分析结果对疾病进行早干预、早诊治，同时提供一系列政府决策以及健康管理意见。

我们现在所看到的是为防控新冠肺炎疫情开发的疫情防控公共服务平台。如果单凭政府单向追踪定位，很难掌握到全面的人员信息、医疗记录数据等。而政府联动医疗大数据和公安大数据、运营商大数据、交通大数据等进行共享，可以实现多部门的联防联控。一方发现"问题数据"，实时向各个部门进行报告通知，在第一时间做到对"病毒携带者"数据进行全方位跟踪掌握，对来榕成员的行径进行及时的跟踪报道及分析，做到早发现、早治疗。降低疫情在福建省大规模的交叉感染以及扩散的情况。

在监管方面，充分利用健康医疗大数据进行医保监管，打造智慧监管体系，实现对定点医药机构服务行为的事前预警提示、事中干预拦截、事后靶向定位。

事前预警：发挥大数据分析功能，医师开药时接收医保信息系统预警提示，避免重复开药、超量用药，保障群众用药安全、医保基金安全运行。

事中干预：应用人脸识别后结算，防范"冒卡就医""冒名就医"；远程查房，一部手机就能"搞定"，防范"挂床住院""冒名住院";药品电子监管码,售出药品扫码留存电子码信息,防范"回购、倒卖"。

事后追溯:利用大数据综合分析技术,识别项目串换、超标收费、虚计增计项目。

截至目前,经医保大数据汇聚共享平台,有效查处骗保、套保行为,追回医保基金4731万元。

7. 其他生态应用展示。

健康医疗大数据在实现惠民的同时,也聚拢了一批企业,健康服务产业也随之发展起来了,形成"大健康、大数据、大产业"协同发展的闭环。

目前,落地我们产业园的生态企业达到了133家,累计注册资金达54.32亿元。数字经济起来了,数据就业也同样跟着发展,截止到2020年带动了2059人次的就业,其中本科生1143人、硕士156人、博士12人。同时政府也通过各项政策的颁布,通过财政补助等途径大力扶持数据就业人才引进。这些人才将持续深耕数据,带动更多的创新应用,支撑健康医疗大数据产业的发展,全力推动实现将"数据资源"转变为"数据资产"。

8. 福州实践,未来已来。

福州不断摸索、不断总结、不断创新,但自始至终有一点从未改变,那就是"数据为民"的初心,也正是始终坚守这个初心来开展落实各项工作,才取得今天的成绩。下一步,我们将在福州加大力度搞生产，进一步深化发展健康服务产业，为实现高质量发展超越，建设"机制活、产业优、百姓富、生态美"、健康新福建添砖加瓦，践行"数字中国""健康中国"的国家战略。

福州市将持续进行数据的汇聚和服务，形成可持续发展的模式，"撸起袖子加油干"，做好福州市民的健康管理工作。总结现在的成果和经验，将"福州经验"推向全国各地，争取开发出更多的创新应用，为全民健康作出更大的贡献，助力"健康中国2030"的实现。

在不远的将来，作为海西两岸的一头，我们也在积极探索通过健康作为纽带，将两岸人民联系在一起。依托"一带一路"倡议，希望能够更多更远地与"海丝"沿线国家联通，形成海丝健康大数据中心。利用数据打通"健康丝绸之路"，为构建人类健康命运的共同体服务。

9. 产品体验（贝瑞基因）。

随着健康医疗大数据发展，医疗服务体系正在发生产业变革。目前，我们生态企业已经开发出许多的智能设备，学员们可以在现场直接体验。

四、互动研讨

1. "数字福建"开启了福建推动信息化的进程，怎样理解福建成为数字中国的思想源头和实践起点？

2.探讨如何更快更好地推动福州建成数字应用第一城、打造"数字福州"国际品牌？

五、总结提升

20余年间，福州牢记嘱托，始终高度重视"数字福州"建设工作，以信息化培育新动能，用新动能推动新发展，以新发展创造新辉煌。目前"数字福州"成果的取得，得益于福州全市上下在数字经济发展上有一套系统、精准的措施和办法，紧抓政策引领、推动产业集聚、驱动创新发展、夯实基础设施、加强合作交流等重点工作。

后　记

　　本书是中共福州市委党校（福州市行政学院）编写的以"'数字'耀福州　赋能新发展"为主题、由系列现场教学大纲汇编而成的教材。

　　近年来，校（院）领导高度重视干部培训主体班的现场教学，开发了一系列现场教学课程，取得了很好的成效，获得学员们的好评。为进一步帮助党员干部学习贯彻习近平新时代中国特色社会主义思想，做好宣传"数字福建""数字福州"的工作，校（院）领导决定将以"'数字'耀福州　赋能新发展"为主题的系列现场教学大纲汇编成书，并由中共中央党校出版社出版。常务副校（院）长王小珍和副校（院）长俞慈珍十分重视本书的编写，在编写人员的选定、书稿的框架结构、现场教学点的精选及与相关部门、企业的沟通上倾注了大量心血，提出诸多具有前瞻性与实效性的建议和意见；中共福建省委党校（福建行政学院）郑少春教授倾尽全力用所学所思辅导本书的编写；福州市大数据委、滨海新城开发建设指挥部、鼓楼区委区政府、仓山区委区政府等部门领导也对本书编写给予大力支持并提供了海量资料，确保了本书的顺利出版；在此向他们表示衷心感谢！

本书涵盖了福州软件园、仓山互联网小镇、新大陆科技集团有限公司、福光股份有限公司、福州滨海新城规划馆、数字福建云计算中心展厅、福州滨海新城健康医疗大数据产业园等七个现场教学点，全部课程经历了多轮现场教学实践的检验。

江希副教授负责了全书的框架与各个章节的梳理，任能栋讲师负责了理论部分的编写，钟诚副教授、蔡秀锋老师负责了现场教学方案的撰写。再次感谢中共中央党校出版社支持本系列教材的出版！由于编者学识水平有限，书中不当之处，敬请指正！

编者

2023 年 1 月